1949-2019
新中国气象事业70周年

七十载谱气象华章
新时代书吉林新篇

新中国气象事业70周年·吉林卷

吉林省气象局

图书在版编目（CIP）数据

新中国气象事业70周年. 吉林卷 / 吉林省气象局编著. -- 北京：气象出版社，2021.8
ISBN 978-7-5029-7531-9

Ⅰ. ①新… Ⅱ. ①吉… Ⅲ. ①气象－工作－吉林－画册 Ⅳ. ①P468.2-64

中国版本图书馆CIP数据核字(2021)第162549号

新中国气象事业70周年·吉林卷
Xinzhongguo Qixiang Shiye Qishi Zhounian·Jilin Juan

吉林省气象局　编著

出版发行：	气象出版社			
地　　址：	北京市海淀区中关村南大街46号		邮政编码：	100081
电　　话：	010-68407112（总编室）　　010-68408042（发行部）			
网　　址：	http://www.qxcbs.com		E - mail：	qxcbs@cma.gov.cn
策划编辑：	周　露			
责任编辑：	王　迪		终　审：	吴晓鹏
责任校对：	张硕杰		责任技编：	赵相宁
装帧设计：	新光洋（北京）文化传播有限公司			
印　　刷：	北京地大彩印有限公司			
开　　本：	889 mm×1194 mm 1/16		印　张：	11.75
字　　数：	307千字			
版　　次：	2021年8月第1版		印　次：	2021年8月第1次印刷
定　　价：	258.00元			

本书如存在文字不清、漏印以及缺页、倒页、脱页等，请与本社发行部联系调换

《新中国气象事业70周年·吉林卷》编委会

主　编：赵大庆
副主编：孙　力　叶　青　黄　卓　马宏滨　李锡福　刘厚堂　刘　实
编辑委员：李万金　李彦良　王新国　曲金华　李宗文　张冬梅　于保刚
　　　　　葛春凤　聂　佳　于洪生　杨环宇　罗亚学

编写组

组　长：李万金
副组长：王灵玲　尹立武
成　员：戈福江　史健良　冯文翠　刘明奇　张晓霞　张欣彤　张　莹　贾雪梅

总 序

1949年12月8日是载入史册的重要日子。这一天，经中央批准，中央军委气象局正式成立，开启了新中国气象事业的伟大征程。

气象事业始终根植于党和国家发展大局，与国家发展同行共进、同频共振。 伴随着国家发展的进程，气象事业从小到大、从弱到强、从落后到先进，走出了一条中国特色社会主义气象发展道路。新中国成立后，我们秉持人民利益至上这一根本宗旨，统筹做好国防和经济建设气象服务。在国家改革开放的大潮中，我们全面加速气象现代化建设，在促进国家经济社会发展和保障改善民生中实现气象事业的跨越式发展。党的十八大以来，我们坚持以习近平新时代中国特色社会主义思想为指导，坚持在贯彻落实党中央决策部署和服务保障国家重大战略中发展气象事业，开启了现代化气象强国建设的新征程。70年气象事业的生动实践深刻诠释了国运昌则事业兴、事业兴则国家强。

气象事业始终在党中央、国务院的坚强领导和亲切关怀下，与伟大梦想同心同向、逐梦同行。 党和国家始终把气象事业作为基础性公益性社会事业，纳入经济社会发展全局统筹部署、同步推进。毛泽东主席关于气象部门要把天气常常告诉老百姓的指示，成为气象工作贯穿始终的根本宗旨。邓小平同志强调气象工作对工农业生产很重要，江泽民同志指出气象现代化是国家现代化的重要标志，胡锦涛同志要求提高气象预测预报、防灾减灾、应对气候变化和开发利用气候资源能力，都为气象事业发展指明了方向，鼓舞着我们奋勇前行。习近平总书记特别指出，气象工作关系生命安全、生产发展、生活富裕、生态良好，要求气象工作者推动气象事业高质量发展，提高气象服务保障能力，为我们以更高的政治站位、更宽的国际视野、更强的使命担当实现更大发展，提供了根本遵循。

在党中央、国务院的坚强领导下，一代代气象人接续奋斗、奋力拼搏，气象事业发生了根本性变化，取得了举世瞩目的成就。

70年来，我们紧紧围绕国家发展和人民需求，坚持趋利避害并举，建成了世界上保障领域最广、机制最健全、效益最突出的气象服务体系。

面向防灾减灾救灾，我们努力做到了重大灾害性天气不漏报，成功应对了超强台风、特大洪水、低温雨雪冰冻、严重干旱等重大气象灾害，为各级党委政府防灾减灾部署和人民群众避灾赢得了先机。我们建成了多部门共享共用的国家突发事件预警信息发布系统，努力做到重点灾害预警不留盲区，预警信息可在10分钟内覆盖86%的老百姓，有效解决了"最后一公里"问题，充分发挥了气象防灾减灾第一道防线作用。

面向生态文明建设，我们构建了覆盖多领域的生态文明气象保障服务体系，打造了人工影响天气、气候资源开发利用、气候可行性论证、气候标志认证、卫星遥感应用、大气污染防治保障等服务品牌，开展了三江源、祁连山等重点生态功能区空中云水资源开发利用，完成了国家和区域气候变化评估，组织了四次全国风能资源普查，探索建设了国家气象公园，建立了世界上规模最大的现代化人工影响天气作业体系，人工增雨（雪）覆盖500万平方公里，防雹保护达50多万平方公里，有力推动了生态修复、环境改善，气象已经成为美丽中国的参与者、守护者、贡献者。

面向经济社会发展，我们主动服务和融入乡村振兴、"一带一路"、军民融合、区域协调发展等国家重大战略，主动服务和融入现代化经济体系建设，大力加强了农业、海洋、交通、自然资源、旅游、能源、健康、金融、保险等领域气象服务，成功保障了新中国成立70周年、北京奥运会等重大活动和南水北调、载人航天等重大工程，积极引导了社会资本和社会力量参与气象服务，服务领域已经拓展到上百个行业、覆盖到亿万用户，投入产出比达到1∶50，气象服务的经济社会效益显著提升。

面向人民美好生活，我们围绕人民群众衣食住行健康等多元化服务需求，创新气象服务业态和模式，大力发展智慧气象服务，打造"中国天气"服务品牌，气象服务的及时性、准确性大幅提高。气象影视服务覆盖人群超过10亿，"两微一端"气象新媒体服务覆盖人群超6.9亿，中国天气网日浏览量突破1亿人次，全国气象科普教育基地超过350家，气象服务公众覆盖率突破90%，公众满意度保持在85分以上，人民群众对气象服务的获得感显著增强。

70年来，我们始终坚持气象现代化建设不动摇，建成了世界上规模最大、覆盖最全的综合气象观测系统和先进的气象信息系统，建成了无缝隙智能化的气象预报预测系统。

综合气象观测系统达到世界先进水平。气象观测系统从以地面人工观测为主发展到"天—地—空"一体化自动化综合观测。现有地面气象观测站7万多个，全国乡镇覆盖率达到99.6%，数据传输时效从1小时提升到1分钟。建成了216部雷达组成的新一代天气雷达网，数据传输时效从8分钟提升到50秒。成功发射了17颗风云系列气象卫星，7颗在轨运行，为全球100多个国家和地区、国内2500多个用户提供服务，风云二号H星成为气象服务"一带一路"的主力卫星。建立了生态、环境、农业、海洋、交通、旅游等专业气象监测网，形成了全球最大的综合气象观测网。

气象信息化水平显著增强。物联网、大数据、人工智能等新技术得到深入应用，形成了"云＋端"的气象信息技术新架构。建成了高速气象网络、海量气象数据库和国产超级计算机系统，每日新增的气象数据量是新中国成立初期的 100 多万倍。新建设的"天镜"系统实现了全业务、全流程、全要素的综合监控。气象数据率先向国内外全面开放共享，中国气象数据网累计用户突破 30 万，海外注册用户遍布 70 多个国家，累计访问量超过 5.1 亿人次。

气象预报业务能力大幅提升。 从手工绘制天气图发展到自主创新数值天气预报，从站点预报发展到精细化智能网格预报，从传统单一天气预报发展到面向多领域的影响预报和风险预警，气象预报预测的准确率、提前量、精细化和智能化水平显著提高。全国暴雨预警准确率达到 88%，强对流预警时间提前至 38 分钟，可提前 3～4 天对台风路径做出较为准确的预报，达到世界先进水平。2017 年中国气象局成为世界气象中心，标志着我国气象现代化整体水平迈入世界先进行列！

70 年来，我们紧跟国家科技发展步伐和世界气象科技发展趋势，大力加强气象科技创新和人才队伍建设，我国气象科技创新由以跟踪为主转向跟跑并跑并存的新阶段。

建立了较为完善的国家气象科技创新体系。 我们不断优化气象科技创新功能布局，形成了气象部门科研机构、各级业务单位和国家科研院所、高等院校、军队等跨行业科研力量构成的气象科技创新体系。强化气象科技与业务服务深度融合，大力发展研究型业务。加快核心关键技术攻关，雷达、卫星、数值预报等技术取得重大突破，有力支撑了气象现代化发展。坚持气象科技创新和体制机制创新"双轮驱动"，形成了更具活力的气象科技管理制度和创新环境。气象科技成果获国家自然科学奖 26 项，获国家科技进步奖 67 项。

科技人才队伍建设取得丰硕成果。 我们大力实施人才优先战略，加强科技创新团队建设。全国气象领域两院院士 35 人，气象部门入选"千人计划""万人计划"等国家人才工程 25 人。气象科学家叶笃正、秦大河、曾庆存先后获得国际气象领域最高奖，叶笃正获国家最高科学技术奖。一系列科技创新成果和一大批科技人才有力支撑了气象现代化建设。

70 年来，我们坚持并完善气象体制机制、不断深化改革开放和管理创新，气象事业从封闭走向开放、从传统走向现代、从部门走向社会、从国内走向全球。

领导管理体制不断巩固完善。 坚持并不断完善双重领导、以部门为主的领导管理体制和双重计划财务体制，遵循了气象科学发展的内在规律，实现了气象现代化全国统一规划、统一布局、统一建设、统一管理，形成了中央和地方共同推进气象事业发展、共同建设气象现代化的格局，满足了国家和地方经济社会发展对气象服务的多样化需求。

各项改革不断深化。 坚持发展与改革有机结合，协同推进"放管服"改革和气象行政审批制度改革，全面完成国务院防雷减灾体制改革任务，深入推进气象服务体制、业务科技体制、管理体制等改革，初步建立了与国家治理体系和治理能力现代化相适应的业务管理体系和制度体系，为气象事业高质量发展注入强大动力。

开放合作力度不断加大。与近百家单位开展务实合作，形成了省部合作、部门合作、局校合作、局企合作的全方位、宽领域、深层次国内开放合作格局。先后与160多个国家和地区开展了气象科技合作交流，深度参与"一带一路"建设，为广大发展中国家提供气象科技援助，100多位中国专家在世界气象组织、政府间气候变化专门委员会等国际组织中任职，气象全球影响力和话语权显著提升，我国已成为世界气象事业的深度参与者、积极贡献者，为全球应对气候变化和自然灾害防御不断贡献中国智慧和中国方案。

气象法治体系不断健全。建立了《气象法》为龙头，行政法规、部门规章、地方法规组成的气象法律法规制度体系，形成了由国家、地方、行业和团体等各类标准组成的气象标准体系，气象事业进入法治化发展轨道。

70年来，我们始终坚持党对气象事业的全面领导，以政治建设为统领，全面加强党的建设，在拼搏奉献中践行初心使命，为气象事业高质量发展提供坚强保证。

70年来，气象事业发展历程中人才辈出、精神璀璨，有夙夜为公、舍我其谁的开创者和领导者，有精益求精、勇攀高峰的科学家，有奋楫争先、勇挑重担的先进模范，有甘于清苦、默默奉献的广大基层职工。一代代气象人以服务国家、服务人民的深厚情怀，谱写了气象事业跨越式发展的壮丽篇章；一代代气象人推动着气象事业的长河奔腾向前，唱响了砥砺奋进的动人赞歌；一代代气象人凝练出"准确、及时、创新、奉献"的气象精神，激发起干事创业的担当魄力！

70年的发展实践，我们深刻地认识到，**坚持党的全面领导是气象事业的根本保证**。70年来，在党的领导下，气象事业紧贴国家、时代和人民的要求，实现健康持续发展。我们坚持以习近平新时代中国特色社会主义思想为指导，增强"四个意识"，坚定"四个自信"，做到"两个维护"，把党的领导贯穿和体现到气象事业改革发展各方面各环节，确保气象改革发展和现代化建设始终沿着正确的方向前行。**坚持以人民为中心的发展思想是气象事业的根本宗旨**。70年来，我们把满足人民生产生活需求作为根本任务，把保护人民生命财产安全放在首位，把老百姓的安危冷暖记在心上，把为人民服务的宗旨落实到积极推进气象服务供给侧结构性改革等各方面工作，促进气象在公共服务领域不断做出新的贡献。**坚持气象现代化建设不动摇是气象事业的兴业之路**。70年来，我们坚定不移加强和推进气象现代化建设，以现代化引领和推动气象事业发展。我们按照新时代中国特色社会主义事业的战略安排，谋划推进现代化气象强国建设，确保气象现代化同党和国家的发展要求相适应、同气象事业发展目标相契合。**坚持科技创新驱动和人才优先发展是气象事业的根本动力。** 70 年来，我们大力实施科技创新战略，着力建设高素质专业化干部人才队伍，集中攻关制约气象事业发展的核心关键技术难题，促进了气象科技实力和业务水平的不断提升。**坚持深化改革扩大开放是气象事业的活力源泉。** 70 年来，我们紧跟国家步伐，全面深化气象改革开放，认识不断深化、力度不断加大、领域不断拓展、成效不断显现，推动气象事业在不断深化改革中披荆斩棘、破浪前行。

铭记历史，继往开来。《新中国气象事业 70 周年》系列画册选录了 70 年来全国各级气象部门最具有历史意义的图片，生动全面地记录了气象事业的发展足迹和突出贡献。通过系列画册，面向社会充分展示了气象事业 70 年来的生动实践、显著成就和宝贵经验；展现了气象事业对中国社会经济发展、人民福祉安康提供的强有力保障、支撑；树立了"气象为民"形象，扩大中国气象的认知度、影响力和公信力；同时积累和典藏气象历史、弘扬气象人精神，能够推动气象文化建设，凝聚共识，汇聚推进气象事业改革发展力量。

在新的长征路上，气象工作责任更加重大、使命更加光荣，我们将以习近平新时代中国特色社会主义思想为指导，不忘初心、牢记使命，发扬优良传统，加快科技创新，做到监测精密、预报精准、服务精细，推动气象事业高质量发展，提高气象服务保障能力，发挥气象防灾减灾第一道防线作用，以永不懈怠的精神状态和一往无前的奋斗姿态，为决胜全面建成小康社会、建设社会主义现代化国家做出新的更大贡献！

中国气象局党组书记、局长：刘雅鸣

2019 年 12 月

前言

一路长风吹过，耕耘万里云天。

2019年是新中国成立70周年的大庆之年。吉林气象事业伴随着共和国的成长，也走过了70年风雨征程。为了收藏吉林气象70年历史中经典的瞬间，展现新中国吉林气象事业的发展成就，借中国气象局出版"新中国气象事业70周年画册"之机，编撰《新中国气象事业70周年·吉林卷》画册。

新中国成立以来特别是改革开放四十多年来，吉林省气象事业发展迅猛，逐步建成了涵盖天基、地基和空基的立体综合观测系统。建立了比较完善的预报预测业务体系，部分气象要素预报准确率和公共气象服务满意度持续居全国前列。

吉林是我国人工影响天气事业的发源地，人工影响天气能力居于全国先进水平。近年来建成了立体人工影响天气作业体系，年平均增加降水30亿立方米左右，人工防雹保护面积达4万平方千米。

吉林省是农业大省，粮食总产量全国第四，粮食单产和商品率多年保持全国第一，生产了全国6%以上的粮食，向国家提供了15%的商品粮。气象对农业发展的贡献率逐年增加，赢得了省委省政府的高度评价。

《新中国气象事业70周年·吉林卷》画册取大纵深的视角，以近500幅经典影像反映吉林气象事业历史发展脉络，分为党和政府亲切关怀、气象助力经济社会发展、现代气象业务、气象科技与人才、气象管理体系、开放与合作和气象精神文明建设七个部分，力求能够比较全面地展现吉林气象事业70年的奋斗历史和取得的建设成就。

本着"典藏历史，推动气象文化建设；凝聚共识，弘扬气象人文精神"的创作初衷，吉林省气象局成立了以党组书记、局长赵大庆为主编的《新中国气象事业70周年·吉林卷》画册编撰委员会，组织编撰人员在全省范围内广泛征集气象历史照片，检索档案图片遗存，博采众长，去芜取精，在较短的时间完成了编撰任务。

唯有铭记历史，才能创造未来。在新时代，吉林气象人高举习近平新时代中国特色社会主义思想伟大旗帜，不忘初心，牢记使命。增强"四个意识"，坚定"四个自信"，做到"两个维护"，秉持"准确、及时、创新、奉献"的气象精神，在中国气象局和吉林省委、省政府的坚强领导下，树立新理念、建立新机制、发挥新效益、营造新氛围、取得新发展，建设以智慧气象为标志、信息化为基础的新时代气象现代化，将为促进吉林经济社会发展做出新的更大贡献。

吉林省气象局党组书记、局长：

目 录

总序

前言

党和政府亲切关怀篇 ... 1

气象助力经济社会发展篇 ... 15

现代气象业务篇 ... 61

气象科技与人才篇 ... 91

气象管理体系篇 ... 121

开放与合作篇 ... 141

气象精神文明建设篇 ... 157

党和政府亲切关怀篇

　　吉林省气象事业在 70 年发展过程中,得到了各级党和政府的亲切关怀和大力支持。党中央国务院、中国气象局、省委省政府领导曾多次视察我省各级气象部门。中国气象局、省委省政府领导在重大气象灾害来临之时还亲临我省各级气象部门现场指导,时刻关心、关注和支持我省气象现代化建设。

1964年8月,吉林省委书记赵林(前排左五)视察长白山天池气象站并与全体职工合影

1999年8月31日,吉林省省长洪虎(前排左四)到吉林省气象影视中心考察指导工作

2004年2月18日,吉林省副省长杨庆才(中)参加2004年全省气象局长会议

2004年9月10日，中国气象局原局长温克刚（左一）到吉林省气象局参加吉林省气象局成立五十周年庆祝活动

2005年1月27日，中国气象局副局长许小峰（中）到吉林省气象局检查工作

2005年2月，中国气象局副局长郑国光（右二）到吉林省人工影响天气办公室检查指导工作

2005年7月21日,中国气象局局长秦大河(左一)到吉林省气象局检查指导工作

2005年,中国气象局副局长王守荣(左三)视察吉林省气象局

2008年1月31日,吉林省副省长王守臣(左五)到吉林省人工影响天气办公室就人工影响天气工作进行调研

2008年6月,吉林省省长韩长赋(前排左二)到吉林省气象局指导气象工作

2008年10月,中国气象局局长郑国光(后排左一)视察吉林省气象局

2009年8月21日,吉林省省长韩长赋(左三)到吉林省气象局指导抗旱救灾工作

2010年5月30日,吉林省省长王儒林(右)在长春市南湖宾馆会见中国气象局局长郑国光(左)

2010年8月17日,中国气象局副局长沈晓农(左三)到吉林省气象局视察指导气象工作

2011年3月1日,中国气象局副局长许小峰(中)到吉林省气象局检查工作

2011年5月6日,中国气象局局长郑国光(右一)在吉林省人工影响天气办公室检查指导工作

2011年7月29日,吉林省省长王儒林(右)在长春市会见到吉林省气象局考察指导工作的中国气象局副局长矫梅燕(左)

2012年7月11日,吉林省省长王儒林(左五)到延吉市帽儿山多普勒天气雷达建设工地视察

2013年3月,长春市副市长陈巳(左二)视察吉林省人工影响天气办公室

2013年8月吉林省委书记王儒林(前排左一)到白城市月亮泡水库指挥防汛工作,并对气象工作提出要求

2014年11月11日,中国气象局局长郑国光(前排左三)和吉林省副省长隋忠诚(前排左四)视察吉林市气象局

2015年4月,中国气象局副局长许小峰(前排左一)到长春市气象局检查指导工作

2016年3月31日,吉林省委书记巴音朝鲁(右二)在长春市南湖宾馆会见中国气象局局长郑国光(左二)

2016年6月24日,吉林省副省长隋忠诚(中间)在吉林省气象局组织省防汛抗旱指挥部、省气象局、省水利厅、省国土厅、省住建厅、省民政厅、省应急办等部门负责人召开防汛会商现场会

2017年5月3日，中国气象局副局长矫梅燕（前排左四）到龙嘉机场看望人工增雨机组人员

2017年7月20日，吉林省委书记巴音朝鲁（左二）在气象应急车上指挥永吉灾区抗洪抢险工作

2017年8月8日,中国气象局局长刘雅鸣(中)到吉林省气象局指导工作

2017年8月8日,吉林省委书记巴音朝鲁(右二)在南湖宾馆会见中国气象局局长刘雅鸣(左二)

2018年6月27日,吉林省政府副省长李悦(前排左二)视察吉林省气象局

2018年7月3日,中国气象局副局长宇如聪(中)视察吉林省气象局

2018年8月16日，中国气象局副局长于新文（左二）视察吉林省气象局

2019年4月11日，中国气象局副局长余勇（左三）到吉林省气象局调研指导工作

气象助力经济社会发展篇

　　吉林省气象部门在不断推进气象现代化建设的基础上，逐步建立了比较完善的综合气象观测系统、气象预报预测系统和具有吉林特色的气象服务体系，建设了一支适应事业发展的高素质人才队伍。以核心技术突破为重点，大力推进气象业务现代化建设，不断提升气象保障经济社会发展能力。对标"监测精密、预报精准、服务精细"，紧扣吉林省重大发展战略，打造区域防灾减灾气象服务高地，重要经济行业气象科技保障更加有力，有效支撑政府决策、行业生产和群众生活。坚持把人工影响天气作为保障粮食安全工作重中之重，人工影响天气作业年均增水30亿立方米左右；公共气象服务深度发展，不断优化普惠服务供给，推动气象服务更加贴近民生，气象服务公众满意度多年保持在90分以上。

气象防灾减灾

吉林省是气象灾害较多发省份之一，全省气象部门在中国气象局和省委、省政府的正确领导下，始终坚持筑牢防灾减灾第一道防线，不断完善以气象灾害预警为先导、全社会应急联动的气象灾害防御机制，在全省抗旱增雨、应对台风"布拉万""利奇马"等重大气象灾害中发挥了重要作用。

1995年，桦甸市气象局在抗洪抢险现场搭建临时业务平台

2006年3月，三七高炮生产单位对全省人影高炮进行年度安全检查

2006年4月，中央电视台报道伊通满族自治县气象局人工增雨作业现场

2008年1月，吉林省政府组织召开全省气象防灾减灾大会现场

2008年4月，吉林市气象局参加全市丙烯氰泄露应急演练

2008年12月，松原市气象局开展人工增雪作业现场

2009年5月4日，吉林省气象局组织暴雨应急演练现场

2009年8月,新闻媒体在长春市双阳区采访人工增雨作业现场

2009年11月,吉林省气象灾害应急管理工作座谈会在省气象局召开

2010年7月,省、市、县三级气象部门在永吉县抗洪抢险现场开展天气会商

2011年4月,吉林省东部山区为降低火险等级开展人工增雨作业

2012年3月6日,全省气象部门为缓解春季旱情积极开展人工增雪作业

2012年4月,吉林市气象局在蛟河市丰兴煤矿透水事故现场开展气象服务

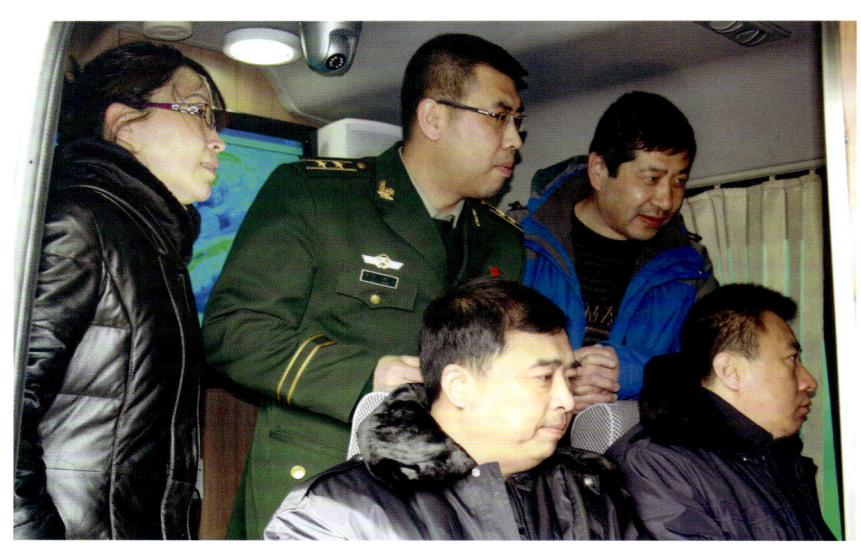

2012年7月,吉林市气象局抗洪抢险应急演练

2013年6月24日,白城市华金纸业发生火灾,白城市气象局工作人员赶赴现场开展气象服务

2013年8月,嫩江、洮儿河流域发生1998年以来最大洪水,吉林省气象局工作人员将应急车开到现场开展气象服务

2014年11月11日，吉林省政府在吉林市召开推进气象现代化建设暨人工影响天气现场交流观摩会。会议全面总结气象现代化的成绩和经验，要求全面推进气象现代化建设和人工影响天气能力建设，全面提升气象服务吉林经济社会发展的支撑和保障能力

2014年春，旱情明显，吉林省气象部门抓住有利时机开展人工增雨作业抗旱保春播

2015年，农安县气象局开展地面人工增雨作业

2015年8月,图们市气象工作人员在图们江广场为"图们江文化旅游节"提供气象服务

2015年9月,吉林省气象局防雷中心对热电厂进行防雷防静电安全检测

2017年7月,永吉县发生特大洪水灾害,吉林省气象服务中心工作人员严密监视天气变化

2018年,东北区域人影中心调机新舟60新型高性能增雨飞机飞抵长春龙嘉机场开展人工增雨作业抗旱保春播。"新舟60"高性能增雨飞机具有最全面的催化剂装载设备和先进的探测设备,机动性强、携载能力大,可形成面源播撒,进行大范围、长时间连续性作业。它将为辽宁省、吉林省、黑龙江省、内蒙古自治区东北四省(区)跨区域人工增雨作业起到关键作用

2019年春,吉林省出现罕见干旱,全省各地开展地面增雨作业,抗旱保丰收

2019年,长春市气象局举办气象防灾减灾科普培训班

2019年,白山市委、市政府送锦旗感谢吉林省气象局人工增雨缓解旱情

2019年,长春市人民政府送锦旗感谢吉林省气象局人工增雨缓解旱情

长春国家基准气候站(长春市气象探测中心)经2017年5月17日召开的第69届世界气象组织(WMO)执行理事会会议批准,正式成为世界气象组织首批百年气象站。图为相关媒体为长春百年老站进行网络直播

公共气象服务

随着吉林省气象事业不断发展，公共气象服务从无到有，从单一到多元，从无法获知到精细化气象服务，不断提质增效，让公共气象服务"无微不至、无所不在"，让百姓感受到满满的获得感、幸福感和安全感。

2006年1月，吉林市气象局提前为全国冬季运动会提供气象服务

2008年12月，吉林省气象局组织召开公共气象服务座谈会

2009年，珲春市气象局对珲春市组织的危险化学品爆炸应急演练进行现场气象服务

2012年,吉林省气象部门为第十二届冬季运动会开展人工增雪气象服务

2012年,公益性行业(气象)科研专项"东北地区土壤墒情监测预报及其对主要农作物的影响分析""不同土壤水分条件下冬小麦根系生长及其与产量关系的试验研究"项目研讨会在长春召开

2012年,吉林省气象科普惠农活动启动仪式在榆树市举行

2013年5月31日,辽源市东丰县气象局为辽源·东丰鹿乡文化艺术节暨第十届运动会提供气象保障服务

2015年9月23日,敦化市气象局气象服务助力延边朝鲜族自治州第19届全州运动会

2017年5月,长春市气象局为长春市国际马拉松比赛开展专项气象服务

2018年，吉林省气象学会组织气象科普进社区活动

2018年"3.23"世界气象日，小学生走进长春市气象站，学习气象科普知识

2018年"3.23"世界气象日，社会公众走进吉林省气象台，学习气象科普知识

2018年5月,辽源市东丰县气象局为吉林省青少年公路自行车锦标赛提供气象保障服务

2018年5月,吉林省气象局在防灾减灾日来临之际,走进景区,传播气象科普知识

2018年,吉林省气象学会组织开展气象科普进校园活动

2018年,长春市气象局为长春国际马拉松比赛提供气象保障服务

2018年汛期前,全省各市县气象工作人员开展自动气象站检修工作,保证安全度汛

2018年,吉林市气象局利用便携自动气象站观测土壤墒情

2018年8月,集安市召开防御台风"苏力"工作部署会议

2018年,公主岭市气象局接受媒体采访,帮助公众了解天气情况

2019年"3.23"世界气象日来临之际,小朋友们在参观省气象台

2019年3月,有关媒体采访吉林市人工增雨工作情况

2019年,气象服务央视春晚长春分会场

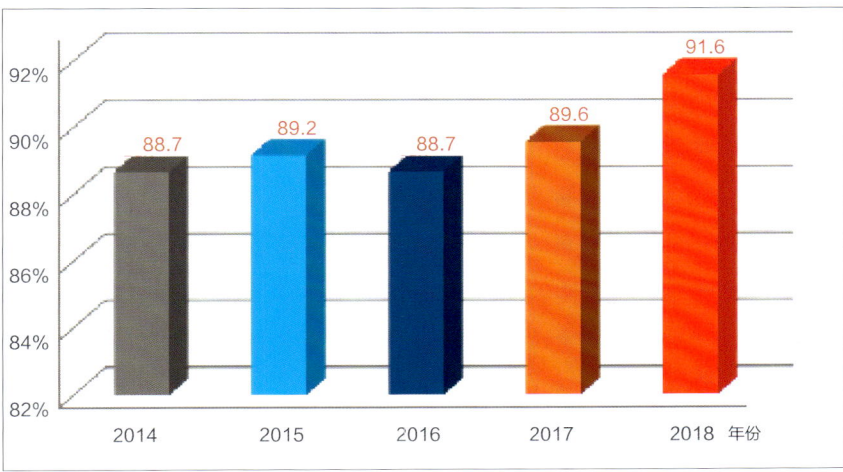

2014—2018年,全省公众气象服务总体满意度

气象助力乡村振兴

近年来，全省气象部门主动服务地方经济发展大局，加快融入乡村振兴战略，全面推进气象现代化建设，进一步健全气象防灾减灾能力服务体系，提升气象为农服务水平，为全省乡村振兴战略、粮食安全、脱贫攻坚提供更坚实的气象保障。

20世纪60年代人工影响天气地面作业工具

20世纪60年代人工增雨作业

1980年，吉林省人工降雨防雹办公室成立。图为工作人员正在开展防雹作业

1994年，吉林省人工影响天气办公室开展人工防霜作业

1958年，Y-12人工增雨飞机机组人员和作业人员开展全国首次人工增雨作业

1997年8月，中国气象局、吉林省人民政府人工影响天气联合开放实验室在长春成立。图为实验室挂牌仪式现场

人工增雨作业飞机在空中进行人工降雨

2004年，吉林省人工影响天气工作协调会在长春召开

2005年，东北地区汛期短期气候预测会商会暨流域防汛气象服务会议在长春召开，会议共商提质气象服务保粮食生产

2008年4月,吉林省气象局农业气象专家深入田间地头了解旱情

2008年,跨区域人工增雨方案研讨会在吉林省人工影响天气办公室召开

2009年5月,吉林省气象局农业气象专家深入田间地头与农民交谈询问气象需求

2009年,气象工作人员在安装自动观测站,把气象服务送到田间地头

2009年,吉林省气象局、延边州农业气象专家深入到珲春市哈达村查看水稻生长情况

2010年春,白城市气象局对农田小气候仪进行维修维护,确保春耕春播气象服务顺利进行

2011年7月9日,吉林省气象局农业气象工作人员下乡调查水稻生长情况

2011年8月9日,德惠市气象局农业气象专家到田间地头开展直通式气象服务

2011年9月,气象工作者在蔬菜大棚测温、湿度,把气象服务送到田间地头

2011年，长春市启动农业气象灾害防控专家联盟。图为启动仪式现场

2011年，气象工作人员开展实地测墒工作

2012年，德惠市气象局到"丰农农业生产合作社"查看烤烟生长状况

2012年,德惠市农业气象灾害防控专家联盟实地调查赤眼蜂寄生率情况

2012年7月,德惠市气象局为边乡娄家村采收的烟农提供现场气象服务

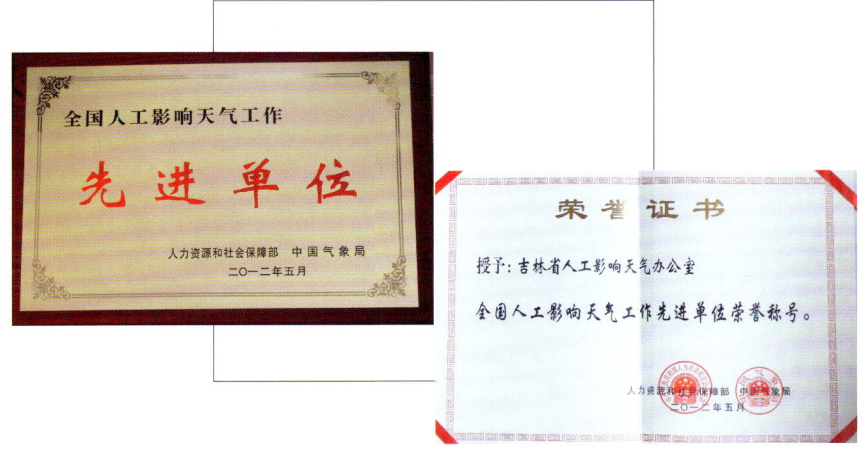

2012年,吉林省人工影响天气办公室获得全国人工影响天气工作先进单位荣誉称号

2012年5月7日,扶余市弓棚子镇蔬菜园区韩凤拿到气象局提供的"大棚温室蔬菜管理建议"非常高兴

2013年，东北区域人工影响天气中心成立。它的成立对缓解东北水资源短缺、改善生态条件，促进区域经济社会可持续发展具有重要意义

2014年8月15日，吉林省气象局与农业部门联合开展水稻生长调查

2015年，东北区域人影工程建设阶段总结，讨论进一步开展人工增雨作业抗旱保春耕

气象助力经济社会发展篇 **吉林**

2017年，吉林省人工影响天气工作研讨会在吉林省气象局召开

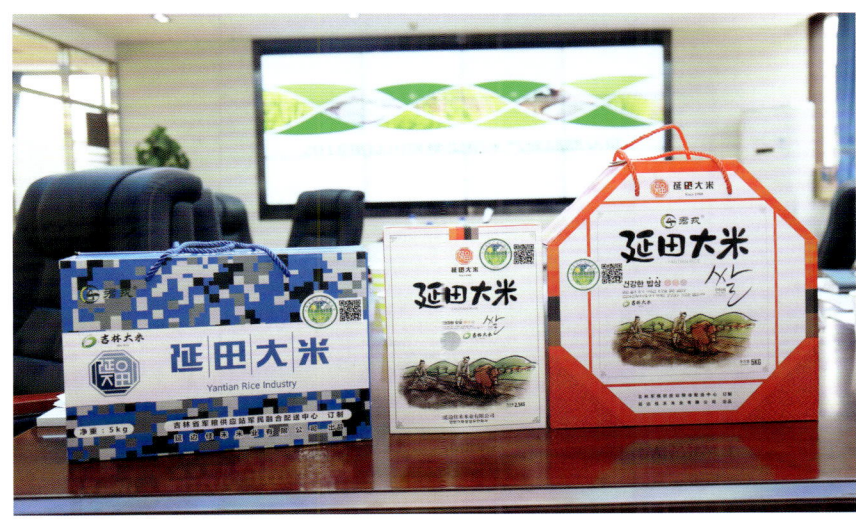

2018年11月8日，延边生产的"延田大米"获得延边气象品质专家认证

2019年，四平市气象局相关工作人员开展设施农业直通式气象服务

2019年,吉林省气象局、吉林市气象局专家对吉林市宇丰米业有限责任公司生产的金蛙牌粳型稻米开展农业气候品质认证

《人工影响天气条例》颁布宣传条幅

吉林省设施农业小气候监测系统

2019年吉林省气象局气象助力精准扶贫工作领导小组第一次全体会议

生态文明气象保障

吉林省深入落实中国气象局关于加强生态文明建设气象保障服务工作部署和省委省政府"三个五""中、西、东"区域发展战略等重大决策，大力提升吉林省生态文明建设气象保障服务能力，初步建立面向需求、省市协同、点面结合的生态气象业务服务体系，为建设美丽中国"吉林样板"提供更加坚实的气象保障服务。

2005年，国家标准《土地荒漠化监测规范》审查会

2007年10月，吉林省气象局局长丁士晟（右一）以及负责风能资源开发的主要工作人员，前往辽宁省阜新市进行风能资源开发考察

2008年,吉林市气象局为生化企业开展气象服务,保障周边生态环境

2009年,通化县气象局为保障生态环境安装自动气象站

2009年,吉林省气象部门顶风冒雪开展风塔现场检测工作

2009年,吉林省气候中心组织太阳能项目考察

2010年4月16日,德国专家赴吉林省气象局共商风电能源开发

2010年,长春市气象局组织开展风能、太阳能气象服务

2010年12月8日，受吉林省能源局委托，吉林省气候中心完成《吉林省百万千瓦级风电基地测风规划方案》编制

2011年，吉林省气象局组织召开风电场风电功率预报产品推介会

2011年，吉林省气象局开展测风塔管理维修工作

2011年,中国气象局副局长矫梅燕(左三)视察乾安县气象局光伏太阳能试验站

2011年,吉林省气候中心与中国电科院签订风电功率预报合作协议

2011年11月10日，吉林省大安市完成入冬前风塔检查维护工作

2012年，乾安县太阳能示范基地

2012年2月，气象工作人员冒雪深入山区检查自动气象站

2015年，长白山气象局为生态气象保障设立电子屏，实时显示环境指标

2016年，集安市气象局在五女峰景区设立的生态气象保障电子屏，实时显示环境指标

2017年，集安市气象局与林业局共同开展森林防火应急演练

2017年，吉林省气象局组织生态气象与遥感技术应用学术报告

2018年10月30日,和龙市气象局业务人员冒雪深入长白山腹地林区维修自动气象站

2019年,吉林省气象局组织生态文明建设与生态气象业务发展报告会

2019年7月26日,松原市副市长王浩(中间左)和吉林省气象局副局长马宏滨(左四)赴中国气象局商讨查干湖生态气象台建设事宜,中国气象局副局长余勇(中间右)会见并听取汇报

行业气象服务

吉林省气象部门坚持趋利避害并举、稳中求进，以深化改革和科技创新为驱动，增强行业气象服务能力，创新服务手段，提升产品内涵，打造服务品牌，提升服务效益。基于气象大数据信息，深度分析服务需求，推动行业气象服务信息化、品牌化、智慧化和集约化发展。

2007年，吉林市气象局为保障第六届亚冬会雪上赛事顺利进行，开展人工增雪作业

2007年，吉林市气象局在第六届亚冬会雪上赛事现场提供气象服务

2008年7月，吉林市气象局召开化纤行业气象服务评估会

2010年11月，吉林市气象局召开《丰满水电站大坝全面治理工程气候可行性论证报告》验收会

2010年12月，吉林市气象局在北大壶滑雪场开展自由式滑雪世界杯赛气象服务

2011年11月，吉林市气象局为第十二届全国冬季运动会保驾护航

2011年12月,北大壶气象站开展第十二届全国冬季运动会赛前气象服务

2012年,吉林市气象局在第十二届全国冬季运动会现场开展气象保障服务

2012年,中国气象局首席预报员到第十二届冬季运动会现场协助吉林市气象局开展气象保障服务

2012年1月,吉林省气候中心前往延边机场新址,在新址机场跑道附近进行云、能、天和风廓线雷达观测位置的选取

2012年4月,吉林省气象局与吉林省国土资源厅联席会议在吉林省气象局召开。双方就加强气象条件引发地质灾害及其防御方面进行科技合作,建立全省气象地质灾害指挥中心,共同做好地质灾害防御工作

2012年,延边朝鲜族自治州气象局开展图们江冰雪节现场气象服务

2013年,吉林省气象台制作十一假日旅游气象服务

2013年9月,吉林省气象局召开国庆节天气预报新闻发布会

2014年1月,吉林省气象服务中心老中青三代预报员做春运气象服务预报

2014年10月10日,吉林省气象探测保障中心工作人员在延吉机场进行自动气象站现场检测

2017年11月,吉林省气象局召开铁路气象服务系统项目验收会

交通气象站坚守岗位,为吉林省高速公路实时监测数据

现代气象业务篇

　　七十年，吉林省气象业务紧紧依靠科技进步，积极开发引进和应用高新技术，努力推进气象业务现代化建设，在气象信息系统建设、气象预报预测、综合气象观测等方面取得了长足进步。2019年，已初步建成了由大气探测、天气雷达、卫星监测、气象信息、天气预报，以及农业气象、环境气象、气候工作、技术保障等业务组成的气象业务体系。

气象预报预测

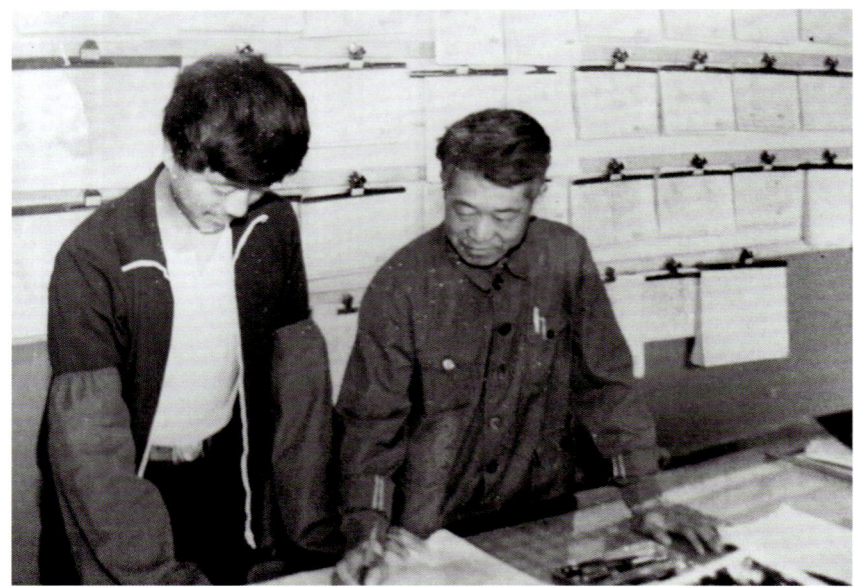

20 世纪 90 年代,预报员绘制天气图

20 世纪 90 年代的吉林省专业气象信息中心平台

2008 年 12 月 18 日,吉林省气象台在与市、州气象局进行视频天气会商

吉林省专业气象服务业务平台

吉林省气象局参加中国气象局天气会商

2010年11月5日，丰满水电站大坝全面治理工程气候可行性论证报告会

2011年9月，东北地区气候、气候变化与短期气候预测学术研讨会在长春召开

2016年8月，吉林省东南部受台风"狮子山"影响遭暴雨袭击。吉林省气象局灾后组织召开台风预报服务及影响座谈会

2017年7月，吉林省永吉县出现洪涝灾害。吉林省气象局灾后组织召开暴雨预报技术交流会

2011年5月30日,吉林省气象部门科技与预报预测业务研讨会在长春召开

2018年6月,吉林省气象局组织暴雨气象服务应急演练

2018年,中国气象局预报与网络司在长春组织召开智能网格预报和实况数据分析业务研讨会

吉林省、市、县三级天气监测预报预警平台

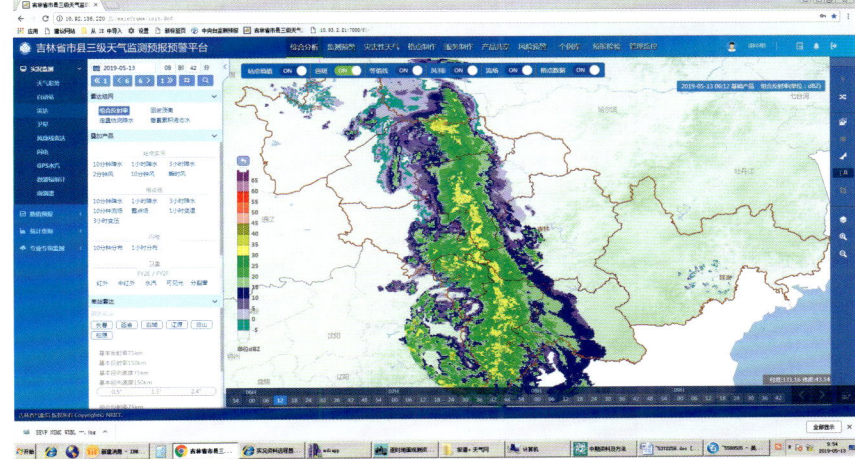

综合气象观测

长白山天池气象站始建于1958年。图为第一代气象工作者在站前合影留念

新中国成立初期使用的气象发报设备

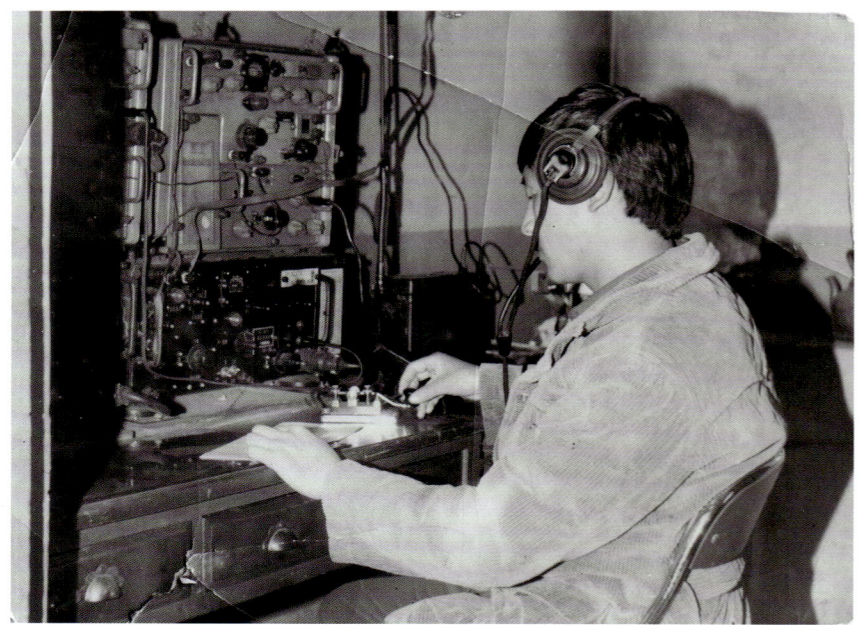

新中国成立初期气象工作人员发报

长白山天池气象站第二代业务用房建于 1982 年，图为当时气象职工合影

长白山天池气象站第三代业务用房建于 2004 年，图为远眺天池气象站

长白山天池气象站新办公楼建于 2016 年，图为长白山天池气象站全景

早期气象观测员进行现场观测

长白山天池气象站工作人员开展每日例行业务工作

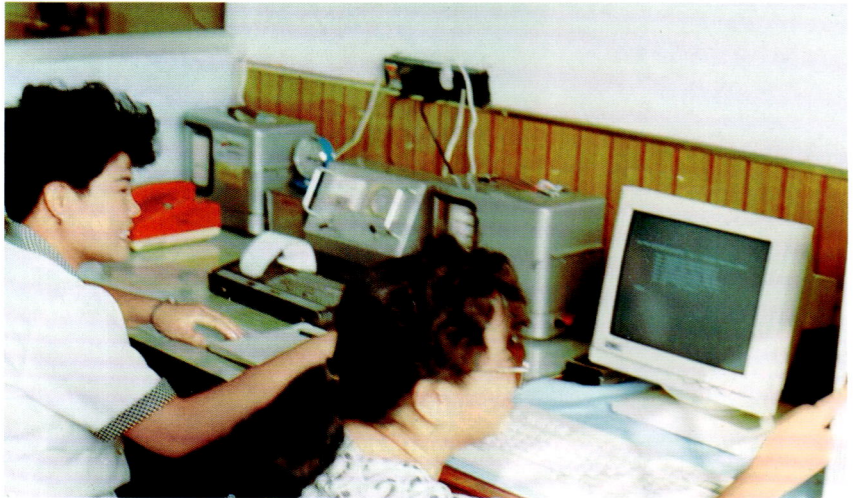

20世纪90年代观测所用发报仪器

早期观测员观测

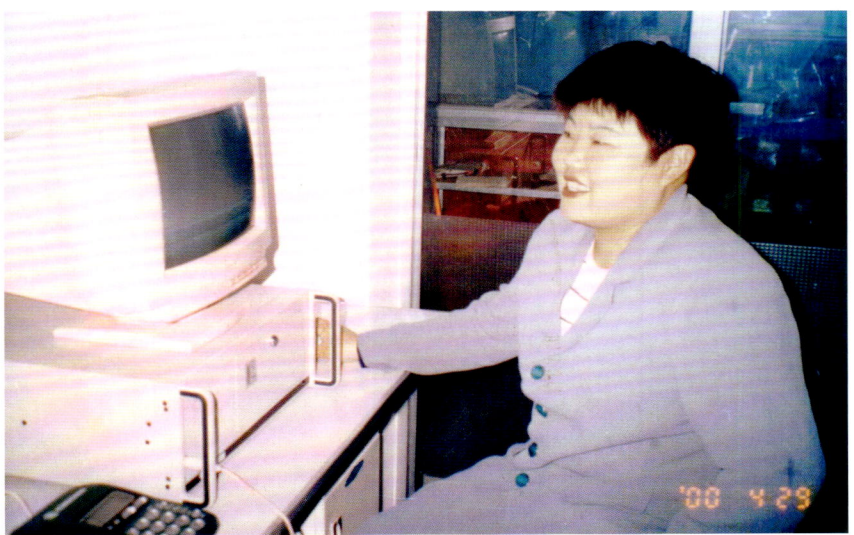

20世纪90年代观测所用计算机

20世纪90年代首届观测大赛颁奖留念

2006年6月20日，吉林省气象局举行白山市新一代天气雷达可行性研究报告论证会

2016年9月6日，新一代X波段中频相参多普勒天气雷达落户敦化

2017年12月，气象观测人员冒着风雪进行人工观测

白山市雷达山照片

临江市气象局进行L波段天气雷达安装工作

白城市新一代多普勒天气雷达

长春市气象探测中心风廓线天气雷达

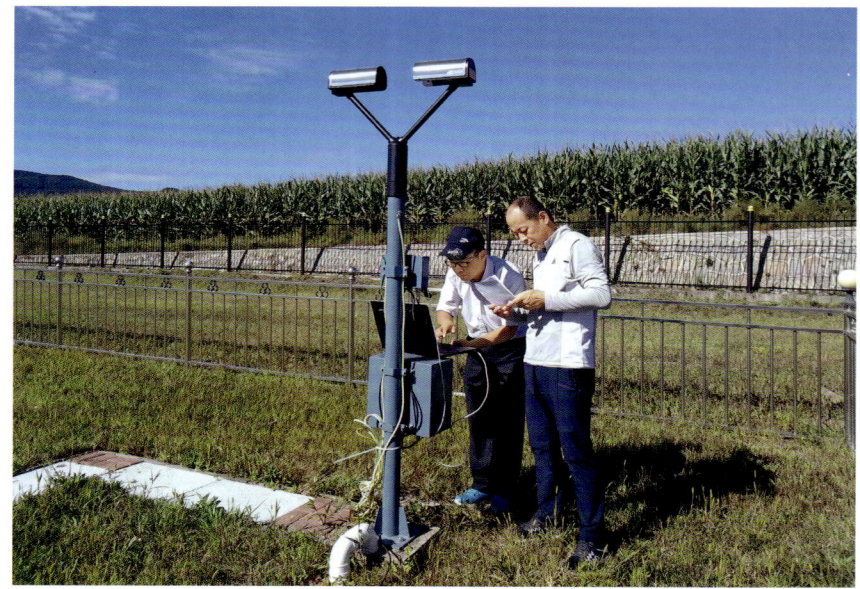

2019年5月6日,图们市气象局观测场设置天气现象仪

白山市气象站全景照片

181.2米高的延边气象塔巍然矗立在海兰江畔,它是集气象探测、气象科学普及和景观旅游观光于一体的新一代多普勒天气雷达,有效探测半径150千米

东岗县气象站全景照片

长春市气象探测中心观测员进行人工观测

白山市江源区气象站全景照片

集安市气象局

梅河口市气象局

通化市辉南县气象局

通化市通化县气象局

通化市柳河县气象局

白山市临江县气象局观测场全景照片

辽源市天气雷达

白山市靖宇县气象局全景照片

气象站观测人员进行降雨量观测

全国综合气象观测工作会议在吉林省气象局召开

长春市绿园区气象局开展智慧气象服务对比观测

吉林省气象探测保障中心工作人员进行设备维护,确保安全度汛

新老综合气象观测对比

长春市气象探测保障中心工作人员施放探空气球

白山市长白县气象局全景照片及办公楼

2008年5月,白城市洮南县气象局工作人员现场维护区域自动气象站

观测员冒雪进行气象观测

长春市气象探测保障中心观测场全景

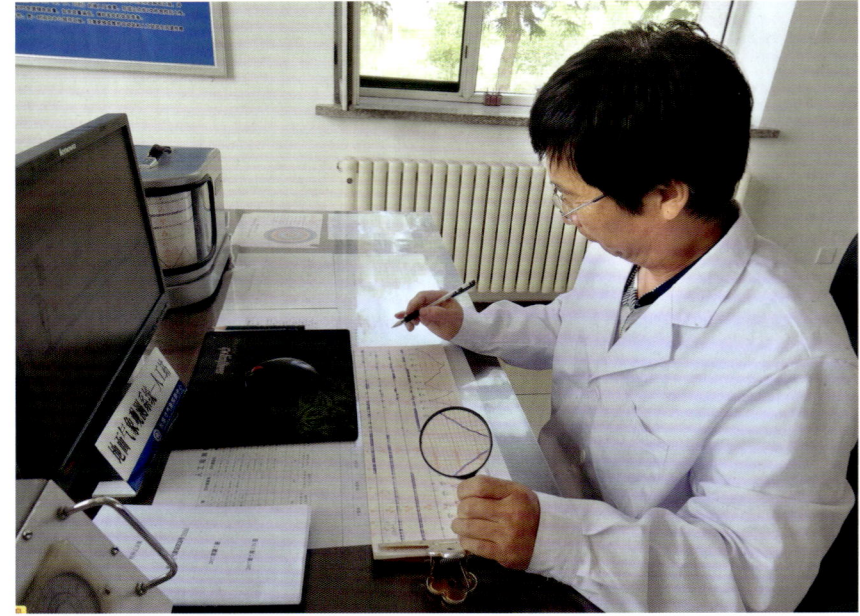

长春市气象站工作人员为开展 EL 型电接风自记纸整理（为人工站特有）

长春气象探测中心 GPZ1 型自动探空系统

长春市气象探测保障中心观测人员在进行地面观测

静止气象卫星数据接收应用系统

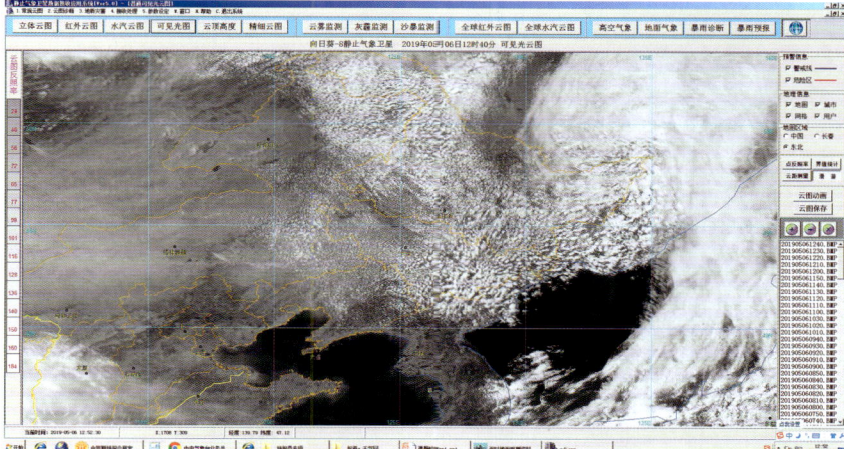

卫星云图

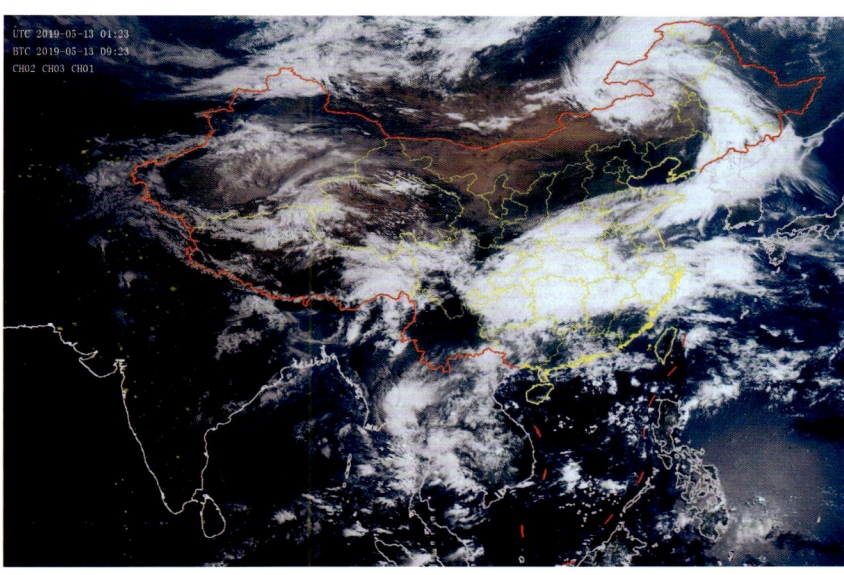

2014年1月17日，通化市辉南县气象局工作人员检修观测设备

2014年4月,通化市辉南县气象局工作人员检修百叶箱

2014年5月7日,吉林市气象局召开综合观测系统建设工作会

2018年11月,吉林市气象局工作人员使用便携自动气象站进行数据观测

吉林市永吉县气象局观测场

蛟河市气象局原观测场

蛟河市气象局新建观测场

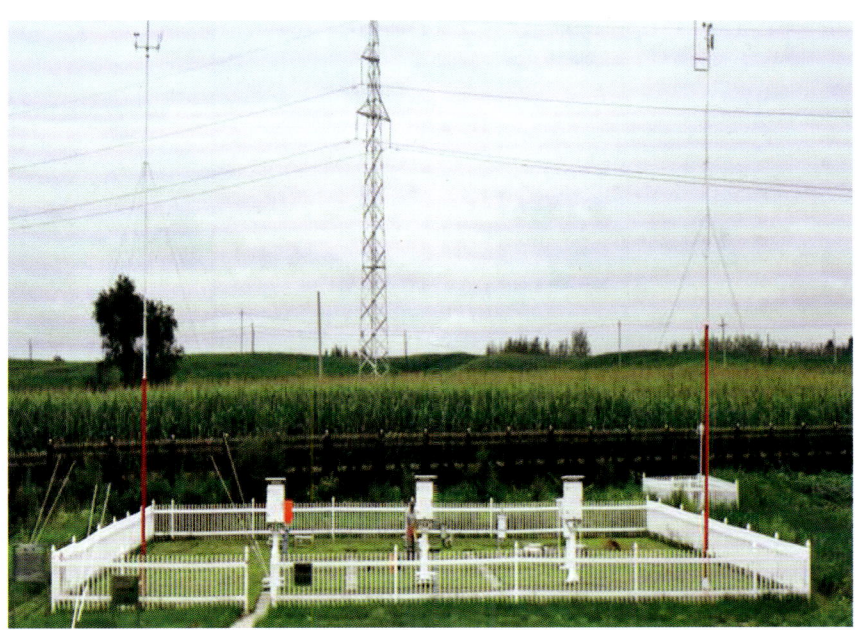

气象信息系统

2005年,吉林省气象局建成的农业气象预报信息系统发布平台

吉林省气象局121天气预报信息发布系统

吉林省气象局高性能计算机

吉林省气象局高性能计算机中心

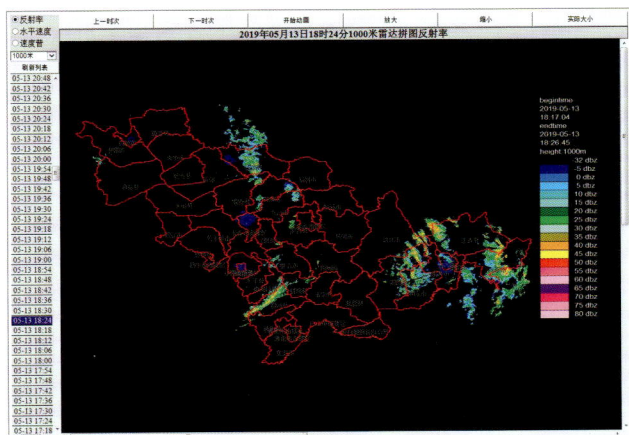
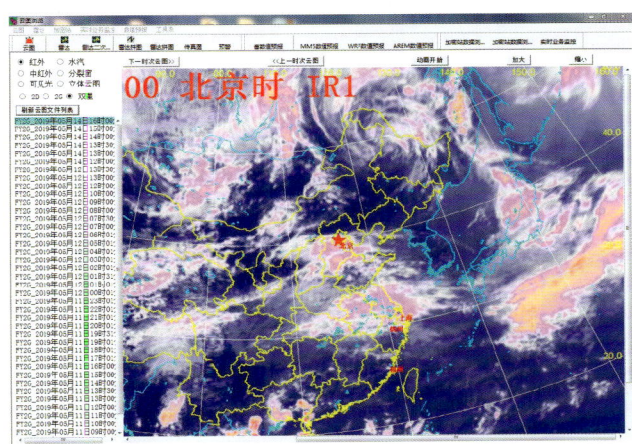

雷达气象信息系统

吉林省农业气象与遥感中心

吉林省气象台业务平台

吉林省气象影视演播大厅

吉林省专业气象服务业务平台

吉林省气象台综合业务应用平台

吉林省气象台天气预报指导应用平台

吉林省气象台可视化会商系统

吉林省预警信息发布平台

吉林省气象服务中心影视制作平台

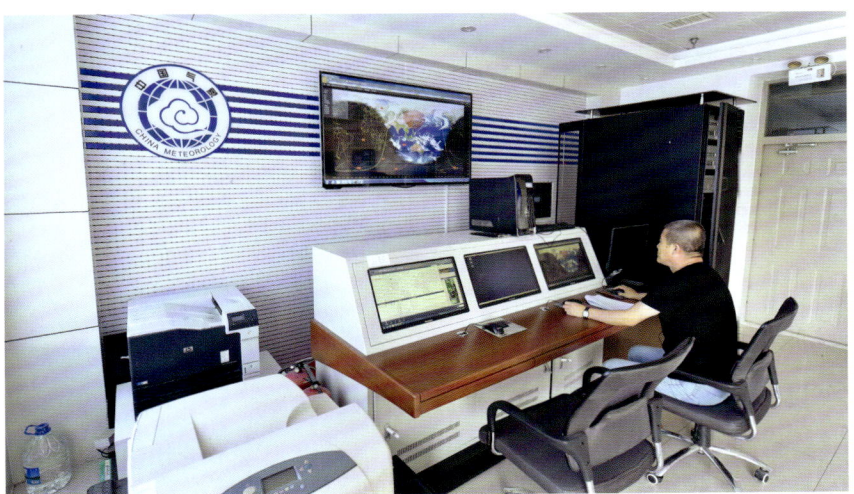

吉林省气象科学研究所卫星遥感系统

气象科技与人才篇

七十年来，吉林省气象局始终坚持"科技兴气象"战略，逐步建立了"开放、流动、竞争、协作"的科研管理和运行机制，强化科技创新体制机制建设，承担省部级课题，围绕人才引进、培养、考核、评价、竞争、流动等关键环节，制定了部门人才发展规划和人才培养政策措施，组建创新团队。近三年来，获批省部级以上科研项目 18 项、国家自然科学基金 3 项、区域协同项目 1 项；获省科技进步奖 11 项，首获中国气象学会气象科学技术进步二等奖；在核心期刊发表论文 60 余篇，其中 SCI 检索论文 8 篇。全省各级气象部门不断加强气象科普宣传工作，充分利用各种媒体开展"世界气象日""防灾减灾日""科技周"活动。完成省科技馆气象科普展区建设，深入开展气象科普"六进"活动，推进了气象科普工作社会化。积极向社会展示气象行业的高科技形象、普及气象知识，讴歌气象人精神，努力让社会各界了解气象，支持气象，应用气象。

气象科技

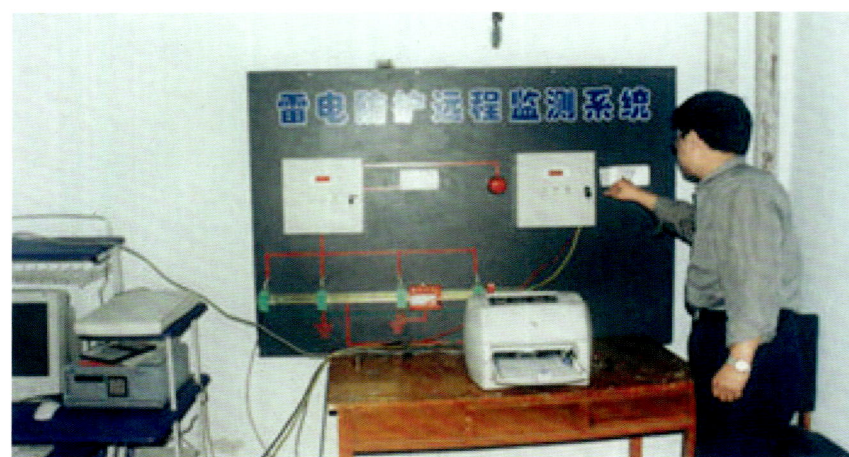

20 世纪 90 年代防雷检测系统

20 世纪 90 年代的气象通信设备

2015 年新一代天气雷达塔安装避雷针

中高纬度环流系统与东亚季风研究开放实验室

长白山气象与气候变化吉林省重点实验室依托吉林省气象科学研究所，是主要开展长白山地区天气、气候和气候变化的长期观测、科学考察、预报预测、演变规律及其影响分析等科学研究的省级重点实验室

中国气象局、吉林省人民政府人工影响天气联合开放实验室成立于1998年6月10日，是全国第一个人工影响天气联合开放实验室

L波段天气雷达安装中

云雾物理环境重点开放实验室是我国云雾降水物理与人工影响天气领域的国家级研究部门，在我国云雾降水物理与人工影响天气的基本理论、方法和技术应用研究方面起引领作用

2005年，吉林省气象局组织召开业务技术体制改革专题报告会

2006年1月13日，吉林省气象局组织有关部门专家，对白山新一代天气雷达建设的4个候选站址进行论证，为白山新一代天气雷达选择最佳站址

2006年11月，"中高纬度环流系统与东亚季风研究开放实验室"和吉林省气象科学研究所共同主办的"开放实验室首期（2006年9月—2007年2月）客座和固定科研人员执行任务的中期报告会"在长春召开

2006年11月,南京大学张耀存教授在吉林省气象科学研究所授课

2006年,白山市新一代天气雷达可行性研究报告论证会在吉林省气象局召开

2008年,中国气象科学研究院举办的灾害天气国家重点实验室专家学术报告会在长春召开

2011年7月,南京信息工程大学郑有飞教授到吉林省气象局授课

2016年7月,吉林省气象事业发展"十三五"规划论证会在省气象局召开

2017年,东北区域人工影响天气作业空域协调工作会议在长春召开

2017年,吉林省科学环境研究所老师到吉林省气象科学研究所授课

2018年8月,吉林省气象现代化第三方评估报告评审会在吉林省气象局举行

2018年,吉林省气象局监测与灾害预警工程集合项目验收会议在吉林省气象局举行

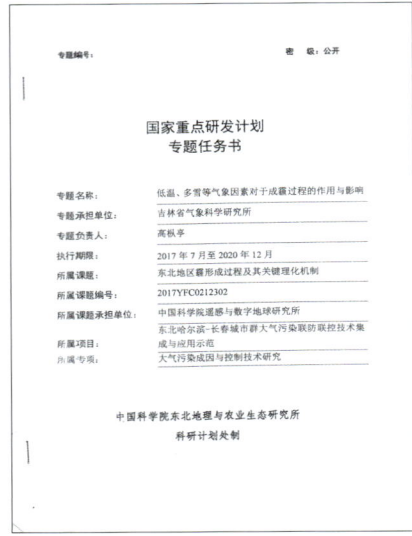
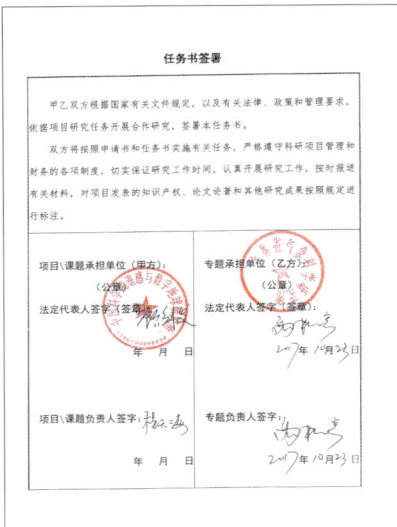

2017年，承担国家重点研发计划专题任务——低温、多雪等气象因素对于成霾过程的作用与影响

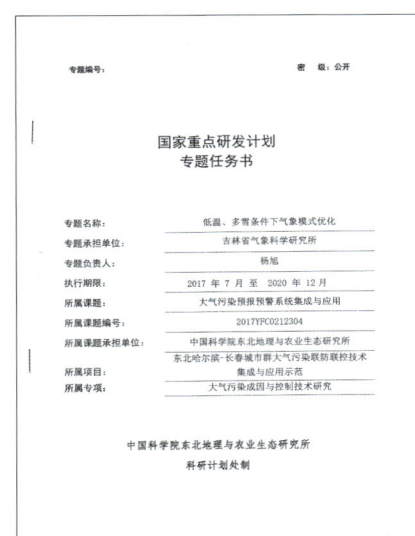
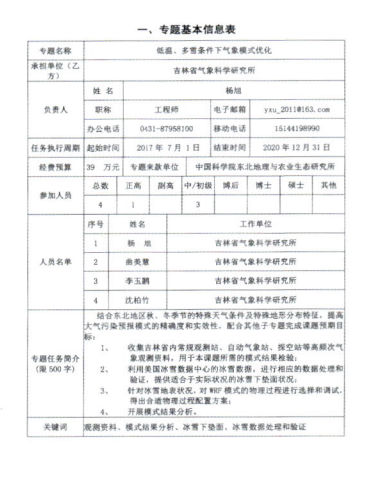
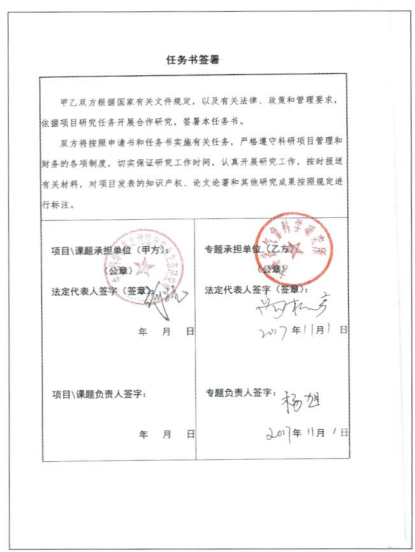

2017年，承担国家重点研发计划专题任务——低温、多雪条件下气象模式优化

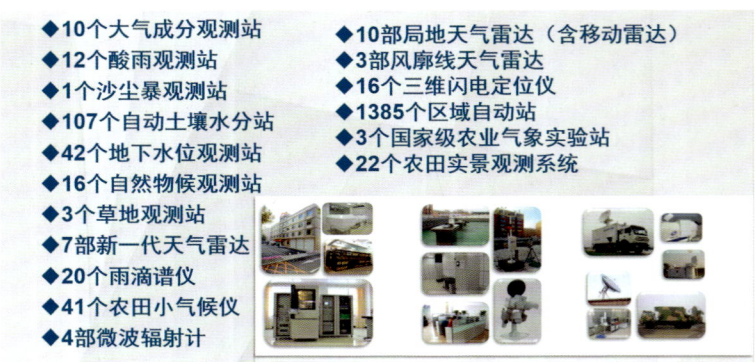

其他已经建成设备

人才培养

2004年11月24日，吉林省气象局首届计算机网络业务技术竞赛在长春举行。吉林省气象台及市、州气象局十个代表队共20名选手参加竞赛

2005年9月20日，吉林省首届电视气象节目观摩评比赛在长春举办

2010年，吉林省首届气象行业气象测报技能竞赛在吉林省气象局举办

2012年，吉林省气象局举办第六次地面气象测报技术竞赛

2013年5月，由吉林省气象局、吉林省总工会、吉林省人力资源和社会保障厅联合举办的吉林省第四届气象行业天气预报职业技能竞赛在吉林省气象局举行

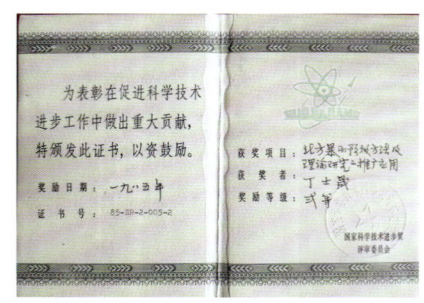

1985年，国家科学技术进步奖二等奖证书（丁士晟）

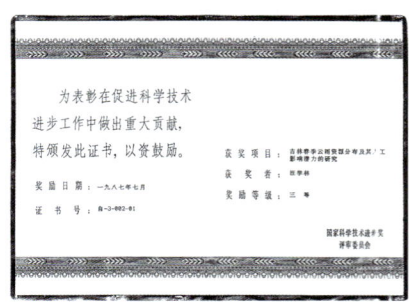

1987年7月，国家科技进步奖三等奖证书（汪学林）

2018年，吉林省第十一届气象行业职业技能竞赛在省气象局举办

2019年，吉林省第五届气象行业天气预报职业技能竞赛在省气象局举办

1987年7月，吉林省气象科学研究所获国家科技进步奖三等奖证书

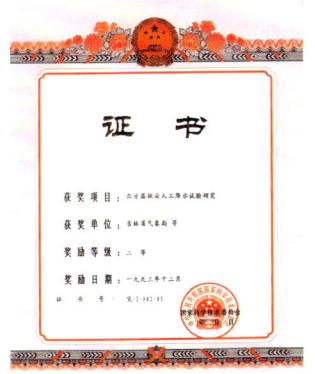

1993年12月，吉林省气象局获得国家科技进步奖二等奖证书

2017年8月，吉林省气象科学研究所获中国气象学会气象科技进步成果奖二等奖证书

杨金龙，2007年调入白城国家基准气候站，从事地面观测业务。2009年12月—2010年12月参加第26次南极科学考察（长城站），从事综合地面气象观测科学考察工作

2004年，吉林省气象局原局长丁士晟（右）参加建局五十周年座谈会

2006年4月29日，在"五一国际劳动节"前夕，吉林省直属机关党工委常务书记张鸿梅（左二）来吉林省气象局亲切慰问省劳动模范、省气象科学研究所廉毅研究员（左一）

吉林省气象科学研究所廉毅研究员在给全体职工授课

吉林省气象局副局长、吉林省政府突出贡献专家、吉林省拔尖创新人才、吉林省劳动模范获得者孙力。享受国务院政府特殊津贴

孙力为基层气象工作者授课

吉林省劳动模范获得者王晓明在记者招待会上回答记者提问

2009年，王晓明参加中国气象局培训中心主办的第一届首席预报员学术研讨会

2019年吉林省气象局科技预报处主任科员孙钦宏挂职浙江气象局文件

2019年，国家气象中心关于刘海峰的挂职通知

2009年,吉林省气象台台长王晓明荣获吉林省劳动模范荣誉称号

吉林省气象局副局长章少卿在学术研讨会上发言

中共吉林省气象局党组关于刘文惠等同志挂职的通知

2018年5月,吉林省气象局、韩国江源地方气象厅科技论文交流会在吉林省气象局举行

2018年6月,中国科学院院士曾庆存莅临指导吉林省气象局工作

2018年10月,韩国气象预报业务代表团参观吉林省气象服务中心全媒体演播室

吉林省气象局邀请原吉林省委副书记林炎志为全体党员讲党课

原吉林省气象学校开展早期培训

1998年，国家"九五"科技项目工作会议

2005年5月12日，东北地区气象业务交流会吉林代表发言中

2005年，吉林省气象局举办天气、电子学术研讨会

2006年，吉林省气象局召开多轨道业务建设工作会议

2006年,中国气象事业发展战略研究成果报告会在长春召开。中国气象局副局长郑国光作报告

2008年3月21日,吉林省气象局举办气象业务新技术培训班

2009年,中国气象局气象探测中心综合气象观测系统运行监控平台培训班开班仪式在吉林省气象局举行

2010年9月1日，2010云降水物理学与人工影响天气战略发展高层论坛在长春召开

2017年度第一期白山松水讲堂

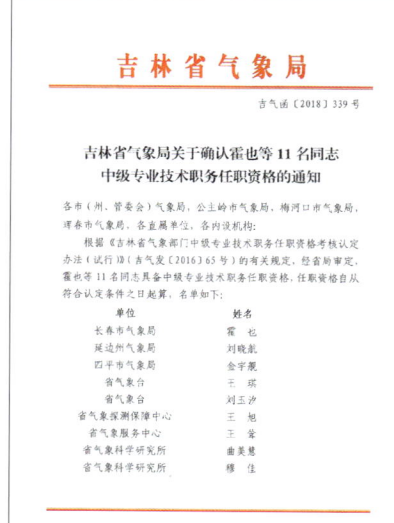

2018年8月22日，吉林省气象局关于确认霍也等11名同志具备中级专业技术职务任职资格的通知

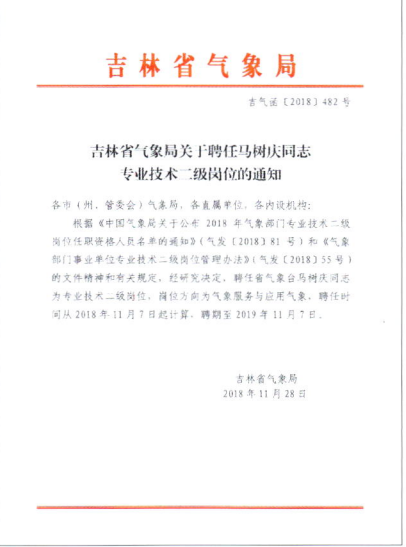
2018年11月28日，吉林省气象局关于聘任马树庆同志专业技术二级岗位的通知

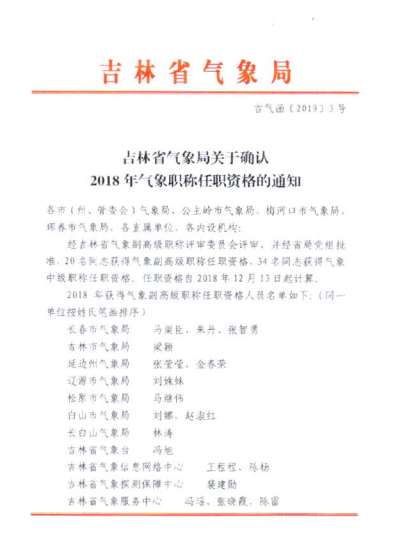
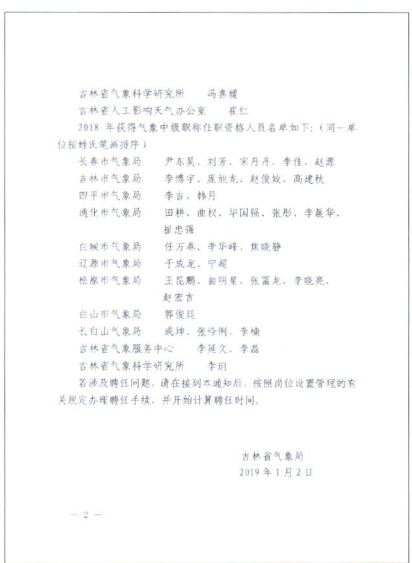
2019年1月2日，吉林省气象局关于确认2018年气象职称任职资格的通知

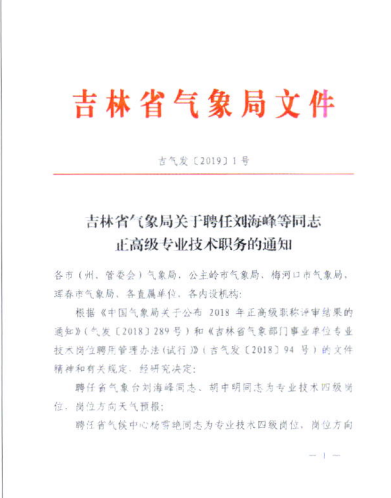
2018年12月4日，吉林省气象局关于印发《吉林省气象部门事业单位专业技术岗位聘用管理办法（试行）》的通知

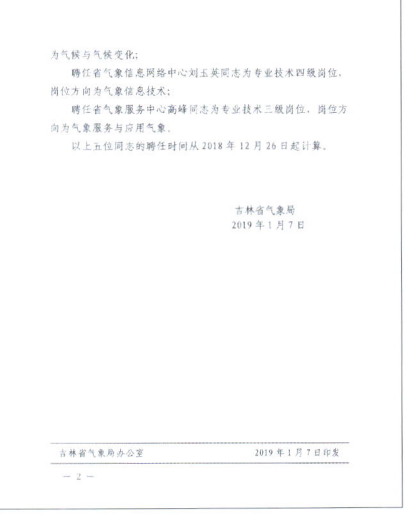
2019年1月7日，吉林省气象局关于聘任刘海峰等同志正高级专业技术职务的通知

气象科学普及

1987年7月21日,吉林省青少年气象夏令营在四平市举办

1997年,"3.23"世界气象日开放活动

由中国气象局、共青团中央、中国科学技术协会、中国气象学会联合主办,成都信息工程学院承办,吉林省气象局、吉林省气象学会、吉林市气象局协办的"2010气象防灾减灾宣传志愿者中国行"吉林分队活动于2010年7月17—18日在吉林地区开展

吉林省科技馆始建于 2016 年 4 月，吉林省气象科普馆位于科技馆 4 楼。气象科普馆的建立填补了省级气象科普馆的空白

2018 年，吉林省气象局举办 "3.23" 世界气象日开放日活动，图为吉大附中地理社团全体学生到吉林省气象局参观学习

2018 年，长春市绿园区气象局举办 "3.23" 世界气象日开放日活动

2018年,"3.23"世界气象日进校园主题宣传活动

2018年,长春市气象局为长春国际马拉松比赛提供气象保障服务

2018年5月,吉林省气象局组织老干部开展"5.12"防灾减灾进农村宣传科普活动

2018年,气象科普进长春市某社区宣传活动

2018年,气象科普进长春市某公园宣传活动

2018年气象科普进学校宣传活动

2018年气象科普进校园宣传活动

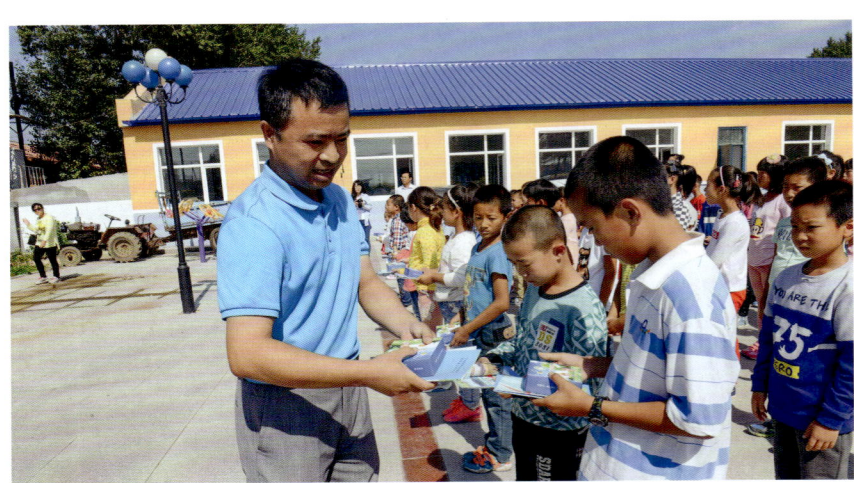

2018年气象科普进农村宣传活动

2018年长春市157中学校园气象站揭牌仪式

吉林省气象学会走进全国示范校园气象站——刘家中学纪念2018世界气象日科普报告会

2019年，长春市绿园区气象局主办"3.23"世界气象日活动

2019年"3.23"世界气象日，吉林省气象局全媒体中心向全社会开放

2019年5月，吉林省气象局开展"5.12"防灾减灾科普进社区活动

2019年，全国科技活动周吉林省气象局组织气象仪器展

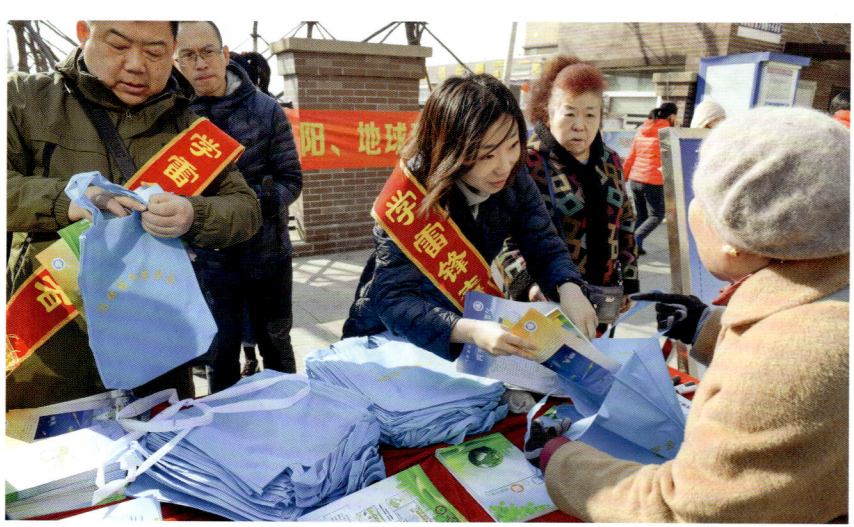

2019年，全国科技活动周吉林省气象学会进社区开展科普宣传活动

2019年"3.23"世界气象日吉林省气象局气象仪器展

第27届全国青少年气象夏令营开营式

中国气象报社、中国法学交流基金会"绿镜头·发现中国"采访长白山气象站

2019年,荣获吉林省科普讲解大赛优秀组织单位奖

2019年,吉林省气象局在吉林省科技活动周荣获"优秀组织单位"奖

气象管理体系篇

吉林省气象局下辖10个市（州、管委会）气象局、12个直属单位、11个内设机构。全省气象部门坚持科学管理，紧扣部门核心职能，不断推进包括管理体制在内的各项改革。建立了党委领导、政府主导、部门联动、社会参与的气象灾害防御体系。气象防灾减灾纳入城乡安全网格化管理，建立完善了涉灾部门联动机制。颁布实施《吉林省气象条例》等7部地方性法规、《吉林省气候资源保护和开发利用办法》等7部政府规章、《吉林省人民政府办公厅关于优化防雷许可的实施意见》等10余个规范性文件和地方气象标准25项，形成7法规7规章10余部规范性文件25个地标组成的法规标准体系，地方气象立法数量位居全国前列。逐级压实各级党组织全面从严治党主体责任和监督责任，为国家战略实施和吉林全方位振兴提供有力支撑。

党建工作

2004年7月16日,中共吉林省气象局直属机关第六次党员大会在省气象局礼堂召开

2005年7月1日,吉林省气象局庆祝中国共产党成立84周年表彰大会现场

2005年8月23—25日,东北地区气象部门党风廉政建设与构建惩防体系工作研讨会在吉林省吉林市召开

2006年6月28日，吉林省气象局举办庆祝建党85周年主题书画展

2008年11月，吉林市气象局成立中国共产党吉林市气象局总支部委员会

2010年9月19日，吉林省气象局参加全国气象行业弘扬气象工作者优良传统与作风演讲比赛

2011年1月22日，全省气象部门党风廉政建设工作会议在长春召开

2011年7月1日，吉林省气象局召开全省气象部门建党90周年暨创先争优表彰大会

2011年7月22日，吉林省气象局举办庆祝建党90周年全省气象部门文艺汇演

2011年，全省气象部门党风廉政建设工作会议在长春召开

2013年8月14日，吉林省气象台深入开展党的群众路线教育实践活动动员大会

2013年9月，吉林市气象局成立市气象工会工作委员会

2014年7月8日,延边州气象局直属机关召开第二次党员大会

2016年4月,吉林市气象局举行"两学一做"知识竞赛

2016年6月27日,吉林省气象部门庆祝建党95周年歌咏比赛在长春举行

2016年9月28日,吉林省气象局开展党员教育活动

2017年,长白山天池气象站刘继德(中)被评选为吉林省第十一次党代会代表

2017年,吉林省气象局全体干部职工收听收看中国共产党第十九次全国代表大会

2017年，镇赉县气象局收听收看中国共产党第十九次全国代表大会

2018年4月8日，吉林省直属机关党支部举办"新时代e支部"管理员培训班

2018年5月17日，吉林省气象服务中心开展政治生日党日活动

2018年7月6日，吉林省气象局组织党员学习郑德荣同志先进事例

2018年10月26日，吉林省气象局开展党员廉政教育，学习反腐历程和基本经验

为纪念新中国成立70周年，松原市宁江区气象局协助新区街道举办文化节

2019年5月9日，吉林省气象探测保障中心党支部与乾安县气象局党支部开展"结对共建"党建活动

2019年5月21日，吉林省气象局组织举办全省气象部门党务干部培训班

2019年6月4日，吉林省气象局组织收听收看全国气象部门"不忘初心、牢记使命"主题教育工作会议

2019年6月25日,吉林省气象局召开"不忘初心,牢记使命"十佳青年岗位能手事迹报告会

2019年6月,吉林省气象局"不忘初心 继续前进"话剧《池天中秋》进行汇报演出

2019年6月,吉林省气象局全面开展"不忘初心,牢记使命"主题教育,组织党员干部参观省廉政教育基地

法治建设

2004 年 4 月 26 日，吉林省气象部门建立防雷专业执法队伍

2004 年 9 月 28 日，吉林省气象局召开吉林省雷电防护管理领导小组会议

2004 年 12 月 15 日，吉林省人大在省气象局召开纪念《中华人民共和国气象法》颁布实施 5 周年和贯彻实施《吉林省气象条例》记者招待会

2005年3月18日,吉林省气象局学习宣传和贯彻实施《防雷工程专业资质管理办法》《防雷装置设计审核和竣工验收规定》电视电话会议

2006年12月22日,吉林省气象局学习宣传和贯彻实施《涉外气象探测和资料管理办法》电视电话会议

2008年3月7日,吉林省气象局召开《吉林省气象灾害防御条例》初审会

2008年11月,气象防雷为松原大桥工程建设保驾护航

2009年9月3日,吉林省气象局召开吉林省气象依法行政会议

2009年10月29日,吉林省气象局参加2009年沈阳区域气象中心防雷执法培训

2010年8月30日，吉林省气象专家参加法治连线节目

2010年11月26日，吉林省气象局召开全省气象部门依法行政工作会议

2014年11月，吉林市政府、人大相关部门领导和专家到吉林市气象局对《吉林市气象灾害防御条例》修订稿进行研讨定稿

2015年3月30日,通化市气象局举办依法行政和防雷工作培训班

2018年9月11日,吉林省气象局局长赵大庆(右一)到省政务大厅调研

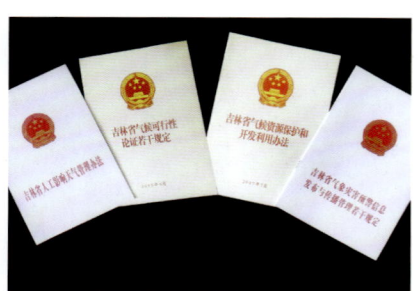

党的十八大以来吉林省地方立法9部

管理体系

吉林省气象局历届局长

赵荣堂

史 明

薛 统

付肖悦

张文东

刘志刚

丁士晟

靳家宝

宋玉发

秦元明

朱其文

赵国强

赵大庆

2004年9月11日，吉林省气象局建局五十周年庆祝大会

2005年吉林省副省长杨庆才参加吉林省气象工作会议

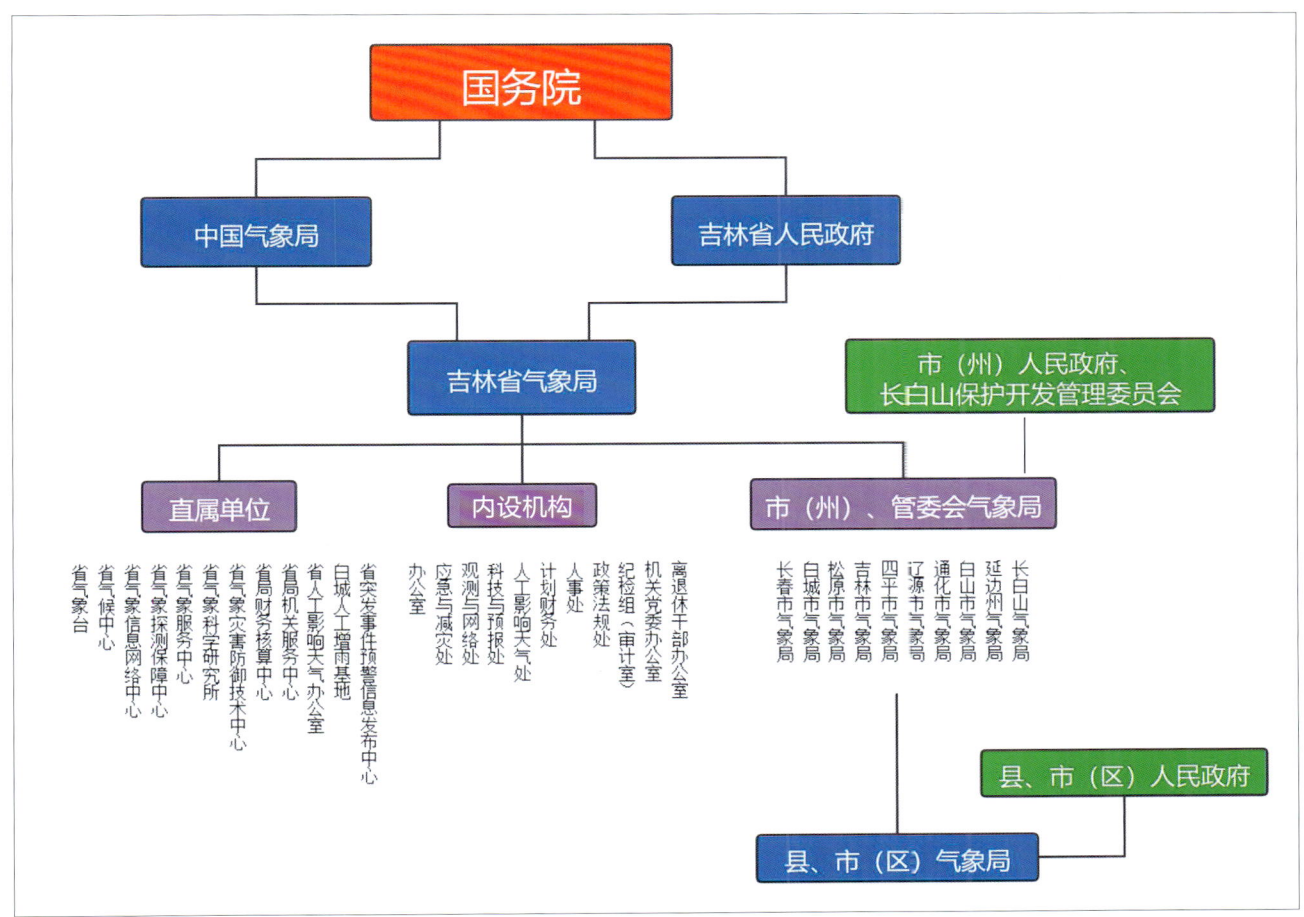

组织架构图

开放与合作篇

新中国成立70周年以来,吉林省气象部门积极开展对外交流与合作,先后与俄罗斯、荷兰、瑞典、美国、朝鲜、韩国、新加坡、法国、日本等十多个国家进行学术交流与合作。对内积极与各高校、科研院所等部门开展内容丰富的科技交流与合作,有利促进了我省学术水平和业务技术的提高,为吉林省气象现代化事业提供了有利保障。

1986年9月2日，荷兰国家气象访华团到吉林省气象局参观

美国专家代表团访问吉林省气象局。图为专家代表到吉林省人工影响办公室进行学术交流

原吉林省气象局局长丁士晟带领气象代表团赴美国考察交流

1989年8月,朝鲜气象代表团到吉林省气象局考察参观

2004年8月3日,吉林省气象局与吉林农业大学局校合作签字仪式

2005年4月1日,中朝气象专家学术交流会在长春举行

2005年5月13日，吉林省气象台、科研所、人影办科技合作协议签字仪式

2005年6月，吉林省气象局与吉林大学开展局校合作

2007年12月，吉林省气象局与长春气象仪器厂中尺度加密自动气象站设备合同签字仪式

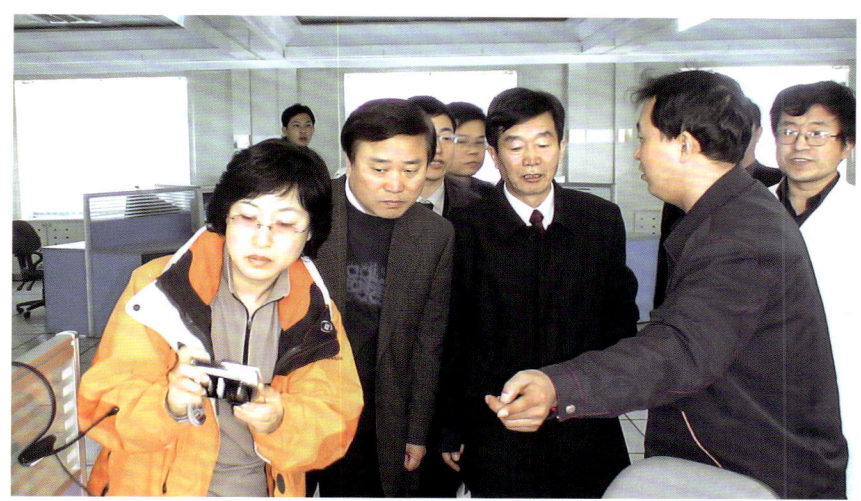

2006年5月,韩国气象厅代表团中韩沙尘暴监测合作项目组到四平气象台考察

2006年5月22日,韩国气象代表团到吉林省气象局进行学术交流

2007年5月,韩国气象厅代表团验收中韩联合沙尘暴监测站

2008年,吉林市欧盟气候变化展览开幕仪式

2008年4月3日,民航吉林空管分局与吉林省气象局建立全面合作关系框架协议签字仪式在吉林省民航管理局举行

2008年5月22日,吉林省气象局与韩国江原地方气象厅第七次气象科技合作备忘录签字仪式在吉林省气象局举行

2008年10月,吉林人影成立五十周年之际,专家到吉林省人工影响天气办公室参观纳米研制实验室

2012年1月16日,吉林省气象局与吉林省国土资源厅关于进一步深化全省地质灾害气象预警预报工作合作框架协议签字仪式在吉林省国土资源厅举行

2009年11月24日,吉林省农业委员会与吉林省气象局农业气象防灾减灾合作协议签字仪式

2010年4月16日，吉林省气象局与德国气象传媒公司风电预报学术交流会在吉林省气象局举办

2011年12月，吉林省气象局与延边州人民政府共同推进气象为延边经济社会发展服务合作协议签字仪式在延边州举行

2011年，吉林省气象局与白山市政府共同推进气象为白山经济社会发展服务合作协议签约仪式现场

2011年,吉林省气象局与中国科学院大气物理研究所签署科技合作协议

2012年10月,韩国江原气象厅业务人员到吉林省气象局进行业务交流

2013年6月,吉林省气象局开展中非气象学术交流活动

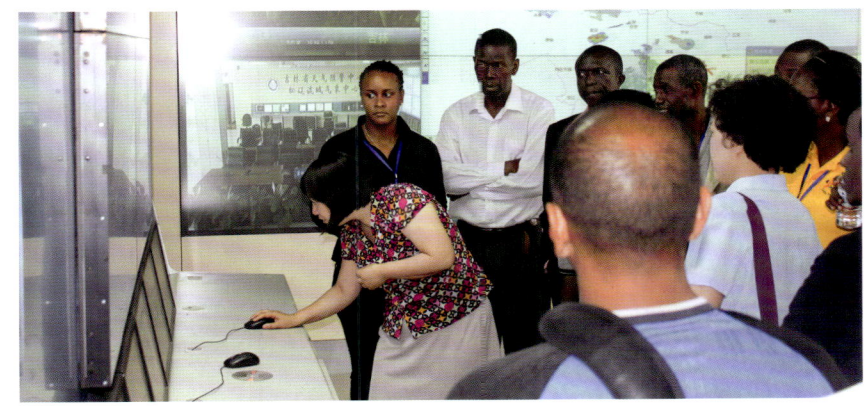

2015年6月18日，公主岭市气象局与吉林省农科院资源环境所签订合作协议

2015年10月13日，日本早稻田大学教授到公主岭市南崴子交流气象为农服务工作

2016年5月24日，韩国江原气象厅代表团访问吉林省气象局

2016年10月18日，韩国江州气象厅代表团到吉林省气象局进行业务交流

2017年1月5日，吉林省气象局与东北师范大学关于人才培养合作协议在东北师范大学举行

2017年5月22—26日，应韩国江原气象厅邀请，吉林省气象局选派王宁、马梁臣赴韩国江原气象厅进行学习交流

2018年3—4月，吉林省气象局派出人工影响天气业务人员赴美国参加高性能作业飞机机载设备应用培训

2018年5月，吉林省气象局、韩国江原地方气象厅第十七次双边科技合作协议签字仪式在省气象局举行

2018年7月23日，吉林省气象局与吉林铁塔集团合作协议签字仪式在吉林省气象局举行

2018年10月22日,韩国气象同仁访问吉林省人工影响天气办公室

2018年,吉林省气象局与吉林市人民政府签署加强气象科技战略合作协议

2019年5月,吉林省气象局局长赵大庆(左一)在韩国江原气象厅交流访问

2018年11月19日,吉林省气象局与吉林省中农阳光数据有限公司关于共同推进气象指数大灾普惠保险工作战略合作协议签字仪式在长春举行

2019年6月,吉林省气象局、松原市人民政府战略合作框架协议签字仪式在省气象局举行

气象精神文明建设篇

吉林省气象局党组高度重视精神文明建设，坚持"两手抓，两手都要硬"的方针，在大力推进气象现代化建设的同时，始终把精神文明建设列入重要日程，积极开展文明单位、文明系统创建活动。全省气象部门现有全国文明单位5个、省级文明单位37个，59个可创建单位全部建成地市级以上文明单位。呈现出两个文明建设互相促进协调发展的可喜局面。

2005年6月,吉林省气象系统第二届职工运动会

2005年10月20日,吉林省气象局代表队在全国首届气象行业运动会上合影

2005年12月6日,榆树市召开吉林省气象文化建设暨思想政治工作研讨会

2006年3月28日，吉林省气象部门精神文明结对子会议在榆树市召开

2007年6月8日，四平市气象局荣获全国气象部门文明台站荣誉称号

2008年5月，吉林省气象局为汶川地震灾区捐款

通化县气象局张景鹏被通化县委县政府评为 2008 年通化县首届十大感恩人物

2009 年，榆树市气象局荣获全国精神文明建设工作先进单位称号

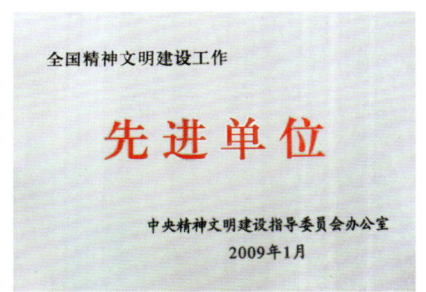

2009 年，吉林省气象局荣获全国精神文明建设先进单位

2009 年，吉林省气象局被吉林省政府评为 2007—2009 精神文明建设先进单位

2009 年 9 月，吉林省气象局举办庆祝新中国成立 60 周年文艺汇演

2010年10月，吉林省气象部门举办弘扬优良传统与作风演讲比赛

2011年，吉林省气象局三八节系列活动

2011年7月1日，在纪念建党90周年大会上，全体党员重温入党誓词

2011年7月22日,吉林省气象局举办纪念建党90周年红歌演唱会

2012年1月16日,吉林省省气象局迎新春联欢会

2012年3月,长春市气象局组织开展"学雷锋、送温暖"主题实践活动

2012年10月25日,吉林省气象部门迎接十八大先进典型报告会在长春举行

2012年,吉林省气象台被中华全国总工会评为"全国五一巾帼标兵岗"

2014年，吉林省气象局荣获"全国文明单位"光荣称号

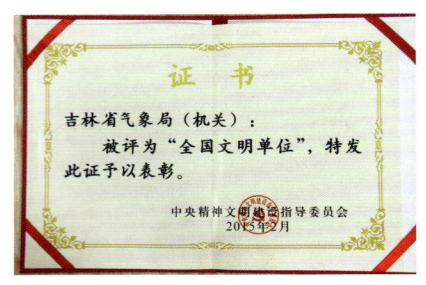

2014年，吉林省气象局老干部合唱团参加新中国成立65周年歌咏大赛

2015年11月，吉林省气象局机关及直属单位排球比赛精彩纷呈

吉林省长白山天池气象站被评为 2015 年度感动吉林人物先进集体，图为颁奖现场

吉林省气象服务中心荣获省直机关 2016 年度"青年文明号"称号

吉林省气象局在省直机关建功"十二五"主题实践活动中被评为"标兵单位"

2015年11月,吉林省气象局举办第三届公共气象服务杯乒乓球团体赛

2015年,吉林省气象局机关及直属单位女职工健身操比赛中

吉林省气象局风云志愿者服务队荣获第四届吉林省优秀志愿者服务组织

2016年，吉林省气象局举办全省气象部门职工乒乓球混合团体赛

2016年9月，全省气象部门羽毛球比赛

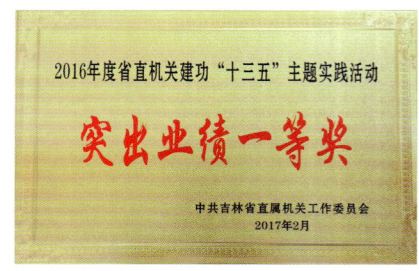

2016年，吉林省气象局在省直机关建功"十三五"主题实践活动中被评为突出业绩一等奖

2017年11月28日，吉林省气象局为了活跃退休老同志业余文化生活举办"冬季杯"老干部台球赛

2017年8月16日，省气象局机关直属单位职工"气象服务杯"五人制足球赛圆满闭幕

2018年5月11日，东北区域气象中心第二届羽毛球赛在长春举行

2018年6月28日，吉林省气象部门学习十九大精神暨纪念改革开放40周年演讲比赛

吉林省气象局被评为2016—2018年度省直机关文明单位

2018年8月17日，全国气象部门职工演讲比赛吉林省选拔赛在长春举办，图为比赛现场

2018年9月28日，吉林省气象部门职工篮球联赛在长春圆满闭幕

2019年，新春佳节来临之前，吉林省气象局领导亲切慰问离退休老干部

2019年，吉林省气象局迎新春联欢会

隋金堂（1940-1981年）：原吉林省安图县天池气象站副站长、党支部书记，1981年1月21日，带领全站同志寻找被大风刮走的气象资料，为抢救滑下深谷的两名同志，不幸殉职。中共安图县委授予他"优秀共产党员"称号，吉林省人民政府批准他为"革命烈士"。

金龙浩（1928-1981年）：原吉林省延边朝鲜族自治州气象局副局长，优秀共产党员。1981年12月17日因患癌症不幸病逝。文化大革命中，他蒙受了不白之冤，8年身陷囹圄，但他对党仍坚信不疑。彻底平反后，他不顾病残，顽强工作，深入基层台站，处处以党的利益为重，胸怀广阔，不计个人恩怨，表现了无私无畏的高尚情操。曾被延边州直属机关党委授予"优秀共产党员"和"模范干部"称号。

田志发（1944-1981年）：原吉林省通化县气象站站长、党支部书记，患骨癌截肢后，长期拄着拐杖，忍着剧痛坚持上班，在卧床期间还找站里同志研究工作，临终前还提出搞好站里业务建设的意见。